2018 年度宜宾学院科研创新团队与平台项目，项目编号 2018ZRTD05

渐开线弧齿圆柱齿轮啮合特性及温度检测平台研究

蒋易强　著

吉林大学出版社

·长春·

图书在版编目（CIP）数据

渐开线弧齿圆柱齿轮啮合特性及温度检测平台研究 ／
蒋易强著 .— 长春 ：吉林大学出版社，2023.1
ISBN 978-7-5768-0349-5

Ⅰ．①渐… Ⅱ．①蒋… Ⅲ．①渐开线齿轮－圆柱齿轮
－啮合传动－研究 Ⅳ．① TH132.413

中国版本图书馆 CIP 数据核字（2022）第 165934 号

书　　名：渐开线弧齿圆柱齿轮啮合特性及温度检测平台研究
JIANKAIXIAN HUCHI YUANZHU CHILUN NIEHE TEXING JI WENDU JIANCE
PINGTAI YANJIU

作　　者：蒋易强　著
策划编辑：邵宇彤
责任编辑：田茂生
责任校对：刘守秀
装帧设计：优盛文化
出版发行：吉林大学出版社
社　　址：长春市人民大街 4059 号
邮政编码：130021
发行电话：0431-89580028/29/21
网　　址：http://www.jlup.com.cn
电子邮箱：jldxcbs@sina.com
印　　刷：定州启航印刷有限公司
成品尺寸：170mm×240mm　　16 开
印　　张：8
字　　数：118 千字
版　　次：2023 年 1 月第 1 版
印　　次：2023 年 1 月第 1 次
书　　号：ISBN 978-7-5768-0349-5
定　　价：58.00 元

前　言

　　圆柱齿轮传动是齿轮机构中应用最广泛的一种传动方式。圆柱齿轮主要包括直齿圆柱齿轮、斜齿圆柱齿轮和人字齿圆柱齿轮三种形式。上述三种圆柱齿轮在结构上都有一定的缺点。上述三种圆柱齿轮在冲击、振动、噪音、传动平稳性、传动效率、制造工艺性方面存在不同程度的缺点。近年来，一种新的圆柱齿轮形式——弧齿圆柱齿轮被推出。

　　弧齿圆柱齿轮在弧形齿线锥齿轮基础上衍生出来。20 世纪初，美国格里森公司（Gleason Works）首先研制出格里森弧齿锥齿轮。20 世纪40 年代，日本长谷川吉三郎把圆弧齿线推广到圆柱齿轮。20 世纪 60 年代前后，日本植松整三、井上和夫及石桥彰等先后提出将挤齿、磨齿等方法应用于弧齿圆柱齿轮的加工过程。此后又出现了各种加工方法，这些加工方法可分为三大类：旋转刀盘、滚齿加工和平行连杆式加工。

　　弧齿线圆柱齿轮的齿廓曲线和其他形式的圆柱齿轮一样，包含多种类型，既可以是渐开线，也可以是其他形式的曲线。目前，研究主要集中在渐开线齿廓方面，因此，本书研究对象界定为渐开线弧齿圆柱齿轮，主要包含以下研究内容：采用类似渐开线直齿圆柱齿轮、斜齿圆柱齿轮的齿面生成方法，求出圆弧齿面与基圆柱面的交线的方程；通过对圆弧线上任意点的运动研究，求出渐开线弧齿的齿面方程；根据啮合运动理论及齿形法线法，求出共轭齿面方程；根据弧齿齿面方程求出在假想齿条坐标系中的曲面族方程，以及应用包络理论求出假想齿条的齿面方程，分析得到假想齿条的齿线形状为椭圆弧，最后求出渐开线弧齿的

1

过渡曲面方程。根据这些研究，又采用数学推导的方法，研究渐开线弧齿圆柱齿轮的啮合特性，为齿轮温度测试平台研究奠定理论基础。

本书提出了一种易于啮合的新型圆弧齿轮的数学模型，是目前十分接近理想渐开线齿轮的一种形式，基本具有渐开线齿轮的所有特性。根据推导出的齿条方程得知，该齿条的齿线为椭圆，基于该齿条更容易得到等齿厚渐开线弧齿齿轮，为仿形铣加工方法提供理论基础。本书对弧齿线圆柱齿轮的温升特性进行理论研究，并提出了温度测试方案，该方案为后续研究弧齿圆柱齿轮温升特性测试平台提供了理论依据。

2021 年 10 月

作　者

目　录　Contents

第1章

绪 论

1.1　研究背景

圆柱齿轮是机械设备中应用最广泛的一种传动零件[1]，其中包括直齿圆柱齿轮、斜齿圆柱齿轮和人字齿圆柱齿轮三种形式。近年来，一种新型圆柱齿轮——弧齿圆柱齿轮逐渐引起大家的重视。四种齿轮的齿线形式如图 1-1 所示。

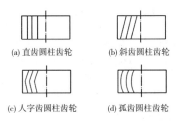

图 1-1　圆柱齿轮齿线类型

直齿圆柱齿轮在传动过程中容易产生冲击、振动、噪音，传动平稳性较差；传动性能对制造误差特别敏感；重合系数相对较小，在同等条件下所能传递的载荷没有斜齿圆柱齿轮、人字齿圆柱齿轮那么大。[2]

斜齿圆柱齿轮啮合较平稳、振动小、噪声小、承载能力高。斜齿圆柱齿轮在齿轮传动过程中产生轴向推力，轴向推力将导致机器的摩擦损失增大、传动效率降低。为了消除轴向推力，斜齿圆柱齿轮轴系结构被设计得比较复杂。

人字齿圆柱齿轮的生产工艺比较复杂，产品尺寸测量、质量检验有较大难度。其退刀槽不仅会增加齿轮的用料、增大总体尺寸，还会导致齿轮轴系跨度增大、刚度下降等[3]。除此之外，人字齿圆柱齿轮做轴向浮动，在轴向力的作用下会轴向窜动，从而引起有害的轴向振动、某一侧斜齿轮圆柱齿过载、损坏齿轮轴承油封及机油泄漏。[4]

弧齿线圆柱齿轮由弧形齿线锥齿轮演变而来。20 世纪 20 年代，美国格里森公司 (Gleason Works) 研发出了格里森圆弧形齿线锥齿轮。20 世纪 40 年代，日本长谷川吉三郎在圆弧形齿线锥齿轮的基础上把圆弧齿线推广应用到圆柱齿轮。弧齿圆柱齿轮的外观如图 1-2 所示。

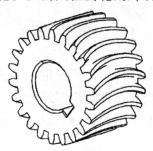

图 1-2　弧齿圆柱齿轮外观

20 世纪 60 年代前后，植松整三、井上和夫及石桥彰等日本研究人员先后提出了弧齿线圆柱齿轮的挤齿、磨齿等加工方法 [5,6]。之后出现的各种弧齿线圆柱齿轮加工方法按照加工刀具结构可分为三大类：旋转刀盘、滚齿加工和平行连杆式加工。

1.2　两种齿条假设

为了克服直齿圆柱齿轮、斜齿圆柱齿轮和人字齿圆柱齿轮三种齿轮的缺点，但又想使弧齿圆柱齿轮能像上述三种齿轮那样沿齿线方向啮合、在任意径向截面保证齿廓形状一样，人们开始利用圆锥面条、圆弧齿条两种齿条来加工弧齿圆柱齿轮。

1.2.1　圆弧齿线齿条假设

旋转刀盘、滚齿加工方法都是基于圆锥齿条加工弧齿圆柱齿轮的。假设在一对相互啮合的圆弧齿线圆柱齿轮副中，有一假想的中间齿条的齿面（即为一圆锥面），在齿轮副转动时跟着移动，齿轮节圆上的线速度等于假想齿条的移动速度。图 1-3 展示了齿条凸面与齿轮啮合情况，亦即刀盘或滚刀外切刀刃切削齿轮凹面情况。

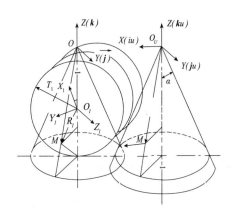

图 1-3　齿条凸面与齿轮凹面啮合

如图 1-3 所示，在圆锥锥顶的固定坐标系和齿轮中心的固定坐标系中分别建立一个原点。然后，建立一个固定在齿条锥顶上并随齿条移动的动坐标系，及一个固定在齿轮上并随齿轮一起转动的动坐标系。在初始位置时，圆锥锥顶上的两个坐标系重合。首先求出齿轮与圆弧齿线齿条的啮合点 M 的圆弧齿线齿条的齿面的参数方程，再求出在啮合点 M 处的幺法矢，然后求出在啮合点 M 处齿条与齿轮之间的相对速度，由齿轮啮合理论可得啮合函数方程，联立圆弧齿线齿条齿面方程和啮合方程即得假想齿条上的接触线方程，最后经坐标转换，可得齿轮的齿面方程。

齿条凹面与齿轮啮合情况，亦即刀盘或滚刀内切刀刃切削齿轮凸面情况与上述情况类似。弧齿圆柱齿轮的齿面是圆锥面与齿轮做共轭运动形成的，因此圆锥面都是齿面的包络面。但是，凸、凹齿面的范成圆锥面相对于齿轮的位置相差 180°，即凸齿面的共轭锥面的锥顶指向齿轮中心外侧，而凹齿面的共轭锥面的锥顶指向齿轮中心内侧，其外观如图 1-4 所示。按照上述方法所建立的曲线齿条在分度圆展开的平面上的齿线为圆弧，被称为圆弧齿线齿条。利用圆弧齿线齿条范成加工而成的齿轮即为圆弧齿线齿轮。

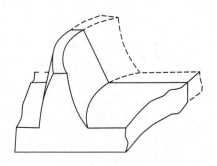

图 1-4　圆弧齿线齿条

　　如图 1-5 所示，圆弧齿线齿条齿牙的两侧面 P 和 Q 分别为齿条齿面的一凸一凹两侧面，都是圆锥回转面的一部分。但两侧面分别属于圆锥 P 和 Q，两个锥顶位置正好相反，锥顶半角 a 相同。圆锥的 P 和 Q 轴线互相平行，两轴线之间的距离为齿距的二分之一，即等于 $t/2(t/2 = m\pi/2)$。平面 A-A 是圆锥 P 和 Q 两轴线所决定平面，它位于齿条宽度方向的正中间。两假想圆锥与圆弧齿线齿条的分度平面相交，交线为两段圆弧，圆弧具有相同的半径 R_t。圆弧齿线齿条具有如下特点。

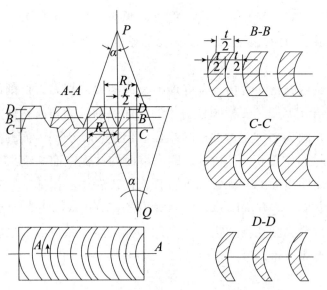

图 1-5　圆弧齿线圆柱齿轮的原始齿条

6

（1）沿中间截面 *A–A* 剖开齿条，圆弧齿线齿条的剖面为直线齿形。齿形剖面两侧的齿形角都为 α 角，与假想的圆锥锥顶半角相等。即在中间截面 *A–A* 内，齿条齿形与其他类型的渐开线齿轮的齿条齿形是相同的。

（2）沿与中央截面 *A–A* 平行的平面剖开齿条，齿条的同一轮齿在同一截面内的两侧齿形方程为不同的双曲线方程。其中，凸齿面一侧齿形外凸，凹齿面一侧齿形凹入，即如图 1-4 所示的齿条端面图形。

（3）把圆弧齿线齿条沿分度平面剖开，截面形状为如图 1-5 所示的 *B–B* 剖面。齿牙的凹齿面、凸齿面被剖的截线是半径相同的圆弧线，因此，沿齿宽方向，轮齿有相同的齿厚距和齿间距。

（4）把齿条沿平行于分度平面 *B–B* 的平面剖开，被剖齿牙凹凸面的截线也是圆弧线，但是此时弧线的半径不等。在靠近齿根的截面，如图 1-5 中的 *C–C* 剖面所示，凹面圆弧齿线半径小于凸面圆弧齿线半径。沿齿高方向，剖面距离分度平面 *B–B* 越远，齿根的厚度就越大。与直齿渐开线圆柱齿轮的基本齿条相比，弧齿线齿条的齿根的齿厚相对大一些。因此，圆弧齿线齿条的齿根的材料有额外加厚，轮齿抗弯强度得到额外的提高。平行于分度平面的靠近齿顶附近的剖面形状如图 1-5 中 *D–D* 剖面所示，齿顶厚度与齿根厚度有相反的变化规律。

（5）将图 1-4 所示的齿条向下翻转，则能和原来位置的齿条完全紧密无间地贴合，如图 1-6 所示。

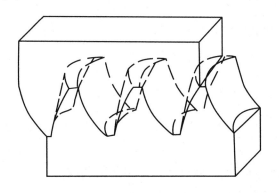

图 1-6　两圆弧齿线圆柱齿轮的原始齿条贴合

（6）按照双圆锥齿形齿条的假设，齿条刀刃是直线形状，是最简单的形式。齿条刀刃分布在回转的圆锥表面上，这样就可以用铣削或圆拉等简单方式切削加工刀具，而且使刀具刃磨、尺寸检验都比较简单。

（7）如圆弧齿线原始齿条的第5个特点所述，根据齿轮啮合原理，如果刀刃能够扫过齿条牙齿的两侧面，那么用这样的方法制造的切齿刀具，可按照范成法加工任何齿数的齿轮，而且可以互相啮合。因此，相互啮合的齿轮组只需要用同一把齿条刀具就可以加工。如图1-7（a）所示，用同一把齿条刀具分别加工齿轮Ⅰ和齿轮Ⅱ。如图1-7（b）所示，齿轮Ⅰ和齿轮Ⅱ相互啮合。齿轮Ⅰ加工位置与工作位置相同。齿轮Ⅱ加工位置与工作位置不同，但是齿轮Ⅱ加工位置的两端面翻转180°就变为啮合状态位置。因此，互相啮合的齿轮对可以用同一把刀具加工出来，不仅减少了加工刀具的数量，还大大简化了齿轮加工工艺。

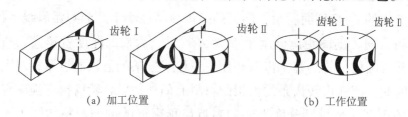

(a) 加工位置　　　　　　　　　　　(b) 工作位置

图1-7　圆弧齿线圆柱齿轮的原始齿条加工位置与工作位置

（8）圆弧齿线原始齿条的两侧面的假想圆锥的轴线相互不重合，因此齿轮的牙齿两侧面可以分别采用范成法加工，且相互不受影响。这也是为什么可以采用两刀加工法、三刀加工法分别加工弧齿的凹齿面、凸齿面的原因。因此，允许在切削齿轮齿根时，使用成形法加工出所需要的齿根圆角形状，进而提高轮齿的抗弯强度。

1.2.2 弧齿齿条假设

弧齿齿条 [7,8] 基于如下渐开线弧齿圆柱齿轮的齿面形成方式产生：由平行于齿轮端面的渐开线 C 沿圆柱面上的一条弧线 Σ 扫描而成。弧线在圆柱面展开的平面上的半径为 R_t，齿轮的厚度为 B。弧齿圆柱齿轮齿面形状如图1-8所示。

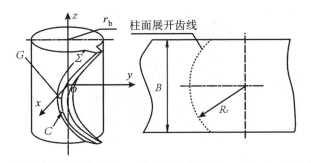

图 1-8 弧齿圆柱齿轮齿面形状

弧齿齿条的特征：齿条分度平面与齿面的交线在分度平面所在的矩形平面上为圆弧曲线；在平行于齿宽中央截面的任一截面内，齿条都具有直线齿形，而且形状完全一样。图 1-9 为弧齿齿条的外观。弧齿齿条模数 m 和压力角 α 的定义与直齿圆柱齿轮相关参数定义是一样的。R_t 为弧齿齿条的圆弧半径。

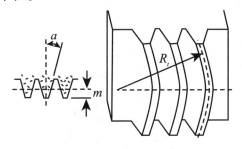

图 1-9 弧齿齿条

图 1-10 是弧齿齿条与弧齿圆柱齿轮的啮合图。弧齿齿条与渐开线圆柱齿轮啮合平稳，且齿轮的渐开线齿廓与齿条的直线齿廓是共轭曲面。在齿轮与弧齿线齿条传动的过程中，两者的瞬心线做纯滚动。根据弧齿齿条与齿轮的啮合关系，弧齿齿条可被转变为加工刀具。

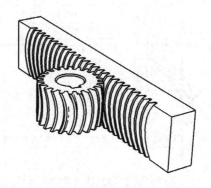

图 1-10　弧齿齿条与弧齿圆柱齿轮的啮合

用图 1-10 所示的弧齿齿条刀具范成加工的弧齿线齿轮试图达到以下效果：不仅在齿宽方向的中截面内具有渐开线齿形，还在与中截面平行的任意平面内也具有渐开线齿形，亦即齿轮的齿面可以视为由某一径向截面内的渐开线齿廓沿基圆柱上齿线扫描形成。用弧齿齿条加工出的渐开线弧齿圆柱齿轮如图 1-11 所示。

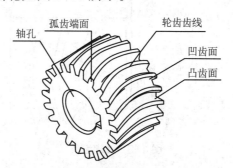

图 1-11　渐开线弧齿圆柱齿轮

在旋转刀盘加工法、滚齿加工法和平行连杆式加工法三大类加工方法中，旋转刀盘加工法、滚齿加工法基于圆弧齿线齿条假设加工，平行连杆式加工法基于弧齿齿条假设加工。下面详细分析这三大类加工方法在现实加工过程中存在的问题。

1.3　旋转刀盘加工法

旋转刀盘加工法在工艺性方面具有优势，是目前研究弧齿圆柱齿轮加工的主要方法。其优势在于：刀片可更换，可以降低消耗在相应刀具上的成本；主运动为旋转运动，相对于仿形法具有运动简单、效率更高的优点，可以更高效地实现对弧齿圆柱齿轮的生产制造；旋转刀盘加工弧齿圆柱齿轮的加工运动与磨削运动一致，具有可以磨削加工的优势；与成形加工法相比，其传动链简短而性能稳定，有助于减少传动误差，在提高产品精度方面具有优势[9]。为了消除弧齿圆柱齿轮的凹齿面、凸齿面的圆弧半径差，以及提高加工效率，根据不同工艺，旋转刀盘加工法可分为双面刀刃加工法（一刀加工法）、大刀盘分度切齿法（两刀加工法）和三刀切削加工方法（三刀加工法）。下面详细分析这三种加工方法在现实加工过程中存在的问题。

1.3.1 旋转刀盘加工法基本原理

旋转刀盘加工法的基本原理如图 1–12 所示。切削刀盘是一个在圆周上均匀分布着若干刀刃的盘形端铣刀，齿坯的中心轴线与刀盘的中心轴线正交，刀盘的中心轴线在齿坯的中间截面上，切削刀盘绕自身轴线的转动形成对工件切削的主运动。在加工弧齿圆柱齿轮时，齿坯以变化的速度进给到范成加工位置，绕自身固定的轴线转动；绕自身轴线转动的刀盘沿齿坯分度圆柱面切向方向平移。安装在主轴上的铣刀盘平移与被切削工件的旋转运动之间必须满足精确的运动关系，即满足 $V_t = V_r$。V_t 为切削刀盘的移动线速度，V_r 为被加工齿坯在分度圆上的旋转轴向速度。

刀盘在切削齿坯的过程中，切削刀盘上的双面刀刃在齿坯上一次只能切出一个齿槽，每一侧齿刃只能切出齿槽的一个侧面。在切完一个齿槽之后，齿坯快速退出刀盘移动的分度平面，然后齿坯进行单齿分度，重新回到展成加工位置。同时，切削刀盘快速回到初始位置，准备切削下一个齿。

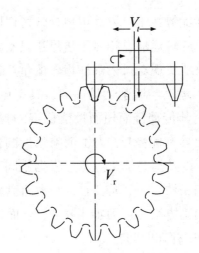

图 1-12 旋转刀盘加工法基本原理

1.3.2 双面刀刃加工法

肖华军[9]、蒋维旭[10]、王少江[11]、任文娟[12]、姜平[13]、唐锐[14]、胡文[15]、Tseng Rui Tang[16]等对双面刀刃加工法进行了深入研究。双面刀刃刀盘的形状如图 1-13 所示，刀片均匀分布在刀盘的圆周上。内刀刃在以刀盘轴线为中心线、锥顶朝上的圆锥面上；外刀刃在以刀盘轴线为中心线、锥顶朝下的圆锥面上。刀盘绕自身中心轴旋转，在刀盘节平面上，外刀刃的旋转半径大于内刀刃的旋转半径。在平行于节平面的其他平面内，同样存在以上关系。

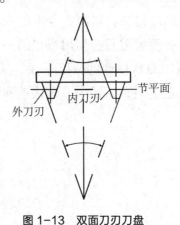

图 1-13 双面刀刃刀盘

旋转刀盘的外刀刃用于切削轮齿的凹齿面，旋转刀盘的内刀刃切削轮齿的凸齿面。但是，将轮齿沿分度圆柱面展开，轮齿沿轴向的齿厚是厚薄不均的。因为外刀刃的旋转半径大于内刀刃的旋转半径，所以在弧齿分度圆柱面上凹齿面的圆弧半径大于凸齿面的圆弧半径，如图 1-14 所示。在不同齿宽位置，齿轮的齿厚不等。轮齿中间部位较厚，离齿轮端面越近，轮齿就越薄。

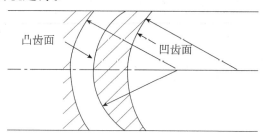

图 1-14 双面刀刃加工轮齿展开图

Tseng Rui Tang[17] 对采用双面刀刃加工法加工出来的齿轮进行了接触特性分析。加工出来的齿轮是点接触齿轮，可以避免齿面边沿接触，啮合对安装误差不敏感。当刀盘旋转平面与其移动的平面平行，即刀盘安装倾角为 0° 时，加工出来的齿轮的两个齿面（凸齿面、凹齿面）的曲率半径相差较大。这样加工出来的一对齿轮在啮合时，因为接触面非常窄，所以传动质量明显较差。因此，利用双面刀刃刀盘范成加工弧形圆柱齿轮的关键是如何消除加工刀盘的内外刀刃半径差的影响。

为了解决刀盘内外刀刃半径差的问题，西安交通大学。马振群、王小椿、龚堰珏、沈兵、邓承毅等提出一种新的双面刀刃刀盘展成法[4,18]。该方法选用合适的刀盘倾角，如图 1-15 所示，并运用 RTCA 法对全齿面在整个啮合过程中的齿面接触情况进行分析，更真实地反映齿轮副的啮合情况，为分析齿轮接触强度和弯曲强度的应力分布提供更准确的依据 [19]。尽管如此，该加工方法加工出的齿轮的凸面和凹面在理论上仍然不能做到完全贴合，只能达到预定的接触区域长度。

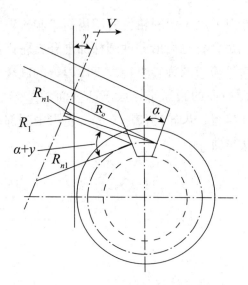

图 1-15 刀盘倾斜的展成原理分析

为了解决普通双面刀刃加工法接触区太窄的问题，根据弧齿圆柱齿轮的结构特点，应用数控加工技术，马振群、邓承毅等在双面刀刃刀盘展成法的基础上，提出数控双面刀盘展成法——CNC 修形加工方法[20]。该方法在加工齿轮的过程中，可以根据工作要求修改形量，而且可以实现齿廓方向和齿线方向的同时修形。其展成齿廓方向的修形展成加工原理如图 1-16 所示。

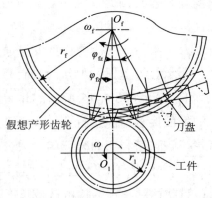

图 1-16 齿廓方向的修形展成加工原理

基于渐开线的特性，让直边刃双面刀盘围绕设定的半径（即假想产形齿轮的半径）做匀速展成来回摆动，直边刃便能切去齿面的齿根和齿顶部的多余微量材料，从而实现齿廓方向的修形。基于双面刀刃刀盘范成法，通过控制刀倾角，细微改变相配齿轮齿线方向曲率半径，从而改变齿线方向接触区长度。如此，选用一个合适的刀倾角，即可实现齿线方向的修形。

吴伟伟提出使用圆锥形刀盘旋转铣削加工齿面，即双向包络式加工方法[8]。这种方法最大的特点是刀盘跟随刀架摆动，在理论上，其与 CNC 修形加工方法一致，如图 1-17 所示。

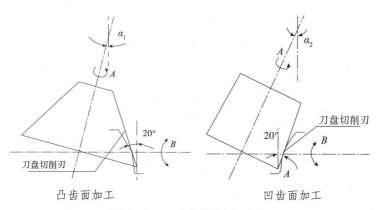

图 1-17　双向包络式加工方法

毋荣亮等分析、比较了圆弧齿线双圆弧齿轮与普通双圆弧齿轮啮合特性的差异，研究了圆弧齿线双圆弧齿轮的切齿方法[21]，同时研究了圆弧齿线双圆弧齿轮轮齿的形成原理和啮合特点，应用共轭齿面啮合原理和微分几何方法推导出其共轭齿面方程[22]，进而通过推导这种新型齿轮的齿面诱导法曲率，分析了接触强度得以提高的原因，得出双圆弧齿轮对中心距很敏感的结论[23]。

1.3.3 大刀盘分度切齿法

Liu[24]、L. Andrei[25]、彭福华[26-29]、顾心愵[30]、邹旻[31-36]、祝海林[37] 等对大刀盘分度切齿法进行了深入研究。该加工方法将刀盘划分成四个区域，如图 1-18 所示。

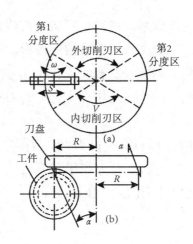

图 1-18　刀盘分度切齿原理位置图

第 1、2 分度区——主要用于轮齿加工过程中分度，不安装刀齿。

外切削刃区——在此区域的刀盘边沿安装若干把具有切削升量的刀齿，刀齿的外侧刀刃均为直线，且位于同一假想圆锥 P 的回转表面上。其中第一个刀齿齿形角大于标准齿形角 a，将此刀刃安装在刀盘上，半径略大于其他外切刀刃的安装半径，这样可以在刀盘旋转切削齿顶时，首先将凹面齿顶修缘。最后一个刀齿的顶刃制成齿轮齿根所需形状，以成形法切出齿根。在整个切齿过程中包络出齿轮的凹面。

内切削刃区——在此区域的刀盘边沿安装若干把具有切削升量的刀齿，刀齿的内侧刀刃均为直线，且位于同一假想圆锥 Q 的回转表面上。其中第一个刀刃的角大于标准齿形角 a，将此刀刃安装在刀盘上，其半径略小于其他内切刀刃的安装半径，这样可以在刀盘旋转切削齿顶时，首先将凸面齿顶修缘。最后一个刀刃的顶刃制成齿轮齿根所需形状，以成形法切出齿根。在整个切齿过程中包络出齿轮之凸面。

倘若在第 2 分度区位置同样安装一个齿坯，并进行上述运动，则可同时切削两个齿轮，此时拉齿机床为双工位，生产率可成倍提高[22]。但是，为了实现刀盘刀具高效率工作（1 周内生产出 1 个齿槽的两个齿面），必须对齿轮进行快速分度调位。这样，刀盘的直径不能太小，刀盘的旋转速度也不能过快。因此，加工的圆弧齿线直径应近似于直齿圆柱齿轮，这样加工齿轮的快速分度将难以实现，从而导致加工效率较低。

20 世纪 70 年代末，Koga Tamotsu[38]，Wu Yi-Cheng[39] 为简化大刀盘分度切齿法中单齿刃，分别展成切削凹、凸齿面，并避免切齿干涉，提出配对加工方法。该加工方法提供一组盘铣刀，其中一个刀盘边沿安装有凸刀片，另一个刀盘边沿安装有凹刀片，其外形如图 1-19 所示。

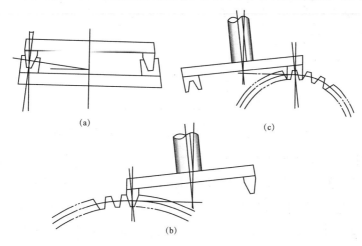

图 1-19　配对刀盘加工

双刃凸刀盘在范成切削大齿轮齿槽的凹齿面时，同时范成切削凸齿面。另一双刃凹刀盘切削相啮合齿轮轮齿的两侧面。

Fuentes[40] 运用数学算法分析安装误差对接触的敏感性、接触强度及弯曲强度等的影响，在啮合模拟、接触分析和压力分析等方面对双面刀刃加工法（一刀加工法）和大刀盘分度切齿法（两刀加工法）进行比较。

1.3.4　三刀切削加工方法

狄玉涛[41] 认为弧齿圆柱轮齿的加工应包括 3 道工序：粗切齿槽—精切齿凸面—精切齿凹面。此种加工方法被称为三刀切制弧齿圆柱齿轮方法，又称三刀切削加工方法。如前所述，用双面刀刀刃加工法将齿槽一次切削而成，会出现齿轮的凹面和凸面半径不等的缺陷。为此，三刀切削加工方法首先用双面刀盘粗切出齿槽，然后用半径相等$(R_i = R_e)$的内切单面刃和外切单面刃分别切制轮齿的凸齿面、凹齿面。内切单面刃和外切单面刃的中心距即为所加工齿轮的齿隙$S\left(EF = S = E^*F^*\right)$，如图1-20所示。

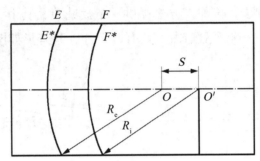

图1-20　内切单面刃和外切单面刃的中心距与齿间间隙

　　这种方法因增加加工步骤，故生产率较低，尤其在大批量加工生产中，实现此种方法需要三台切齿机床。在单件、小批生产中，虽一台机床可以实现加工，但机床结构、加工顺序需要重新调整。为了在一台机床上实现上述三步工序，寇世瑶[42]研制了新的加工弧齿圆柱齿轮的机床，在一台机床上装有三个切头。这种方法仍然存在类似大刀盘分度切齿法的时间方面的问题。

　　用三切头切制弧齿圆柱齿轮仍然存在一定的问题。比如，刀具的前刀面的旋转会导致加工出来的齿轮在与截面$m-m$平行的径向截面上分度圆处的压力角不等。在图1-21中，中截面$m-m$中的齿面轮廓用齿廓A表示，轮齿的端面轮廓用齿廓B表示。前者各点处的压力角小于后者各点处的压力角。

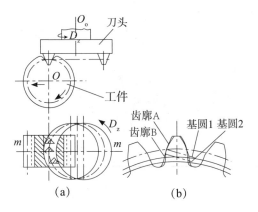

图 1-21　三切头切制弧齿齿轮齿廓

　　基于渐开线的形成原理，该方法生成的齿轮端面的渐开线齿廓的基圆 1 比其中截面的渐开线齿廓的基圆 2 小；反过来说，齿轮中截面的渐开线齿廓的基圆 1 明显大于齿轮端面的渐开线齿廓的基圆 2。因此，两齿轮副的啮合平稳性将受到严重影响，两啮合齿面的线接触也难以实现。[8]

1.4　滚齿加工法

　　赵学镛[43]从切齿基本原理、机床各部件运动及其调节等方面，论证了在国产 Y38 普通滚齿机上加工渐开线弧齿圆柱齿轮的可行性。郑江、苗鸿宾、程志刚等[44-47]对在普通滚齿机上加工圆弧齿廓圆弧齿线圆柱进行了研究。

　　Tseng Rui Tang[48,49]在双面刀刃加工法的研究基础上，提出了滚齿加工法，并建立数学模型，对加工的齿轮的啮合特性进行研究。

　　戴玉堂[50]详细介绍了在数控滚齿机上加工弧齿圆柱齿轮的方法。一般情况下，CNC 滚齿机由 6 轴控制，即轴 A 为滚刀旋转轴，轴 B 为滚刀主轴，轴 C 为工件主轴，轴 X 为工件径向进给，轴 Y 为工件切向进给，轴 Z 为工件轴向进给；滚刀与工件的同步运动由同步控制装置（电子齿轮箱）完成。CNC 滚齿机的基本构成如图 1-22 所示。

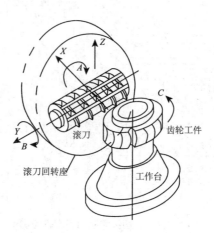

图 1-22　CNC 滚齿机的基本构成

　　沿垂直圆弧齿线圆柱齿轮轴向截齿轮，可将圆弧齿线圆柱齿轮微分为无数个不同螺旋角的斜齿圆柱齿轮。图 1-23 为工件与滚刀的运动关系。在加工弧齿圆柱齿轮时，随着所加工的齿轮轴向位置的变化，需要对滚刀的安装角不断进行调整；与斜齿圆柱齿轮类似，使被加工齿轮的齿线方向与滚刀螺旋线方向保持一致因此，插补运动必须根据轴向位置变化而不断变化。当滚刀经过齿轮中央截面时，将出现滚刀的右旋与左旋之间的变换，因此圆弧齿线圆柱齿轮的加工比斜齿圆柱齿轮更为复杂。

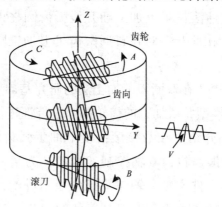

图 1-23　滚刀与工件的运动关系

　　用上述方法加工齿线半径较小的圆弧齿线圆柱齿轮面临诸多困难[19]。第一，齿轮的较小的弧齿线半径难以做小；第二，齿轮的齿面加工后容易受到滚刀刃口的后刀面的干涉；第三，滚刀切削的齿槽宽度出现在齿线法向相等而在周向不等的情况，即轮齿中间厚两边窄，与图 1-14 的形状一样。

1.5　平行连杆式加工法

1.5.1 刀盘、滚齿加工法的共同问题

旋转刀盘加工法、滚齿加工法的共同的齿条假设是圆弧齿线齿条。虽然各种旋转刀盘加工法试图保证凸齿面和凹齿面的齿线半径相等，但是圆弧齿线齿条加工方法加工出来的弧齿圆柱齿轮，在齿线的法向上齿槽宽度是相等的，如图 1-24 所示。

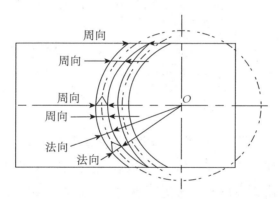

图 1-24　双面刀刃加工轮齿周向与法向距离

在齿轮的周向上齿槽宽度不相等，在齿轮的周向方向上的齿厚也就不相等。弧齿圆柱齿轮边缘的周向齿厚小于中间周向齿厚；齿线圆弧的角度越大，这两个部位的差距就越明显；在极端情况下，上述情形会导致弧齿的两端缺失，引起齿轮副的啮合不平稳、承载能力差，可能出现齿轮在传动时断裂的情况。

1.5.2 平行连杆加工法

宋爱平[51]、王召垒[52]等为了解决周向齿槽不等的问题，采用 20 世

纪 60 年代苏联所使用的加工渐开线弧齿圆柱齿轮的类似方法，开发出平行连杆式加工装置。

按平行连杆加工法加工的弧齿圆柱齿轮的分度圆柱面展开图如图 1-25 所示。与直齿圆柱齿轮相比，弧齿圆柱齿轮的几何参数增加了齿线圆弧半径 R_t。R_t 值一般是齿轮厚度的 $0.6 \sim 4.0$ 倍（可以认为直齿圆柱齿轮的齿线圆弧半径值 $R_t=+\infty$）。在轮齿的任意径向截面的齿廓上，各点的周向齿厚相等，即 $S_1 = S_2 = t/2$；周向齿槽宽相等，即 $P_1 = P_2 = t/2$，t 为周向齿距，同时分度圆处压力角相等。

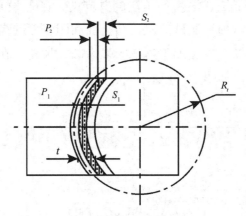

图 1-25　弧齿圆柱齿轮的分度圆柱面展开图

平行连杆加工法的基础是圆弧齿线齿条加工。利用平行连杆式加工机构，刀具可沿刀盘旋转轨迹进行平动，从而产生相等的周向齿槽。平行连杆式加工机构如图 1-26 所示。该装置上，两个轴心固定在支撑架上的刀架盘上，两盘之间有平行于两者轴心间连线的连杆，连杆上固定有一刀片。为保证齿轮的周向等齿厚，在切削加工时，刀片随刀盘的转动而平动。

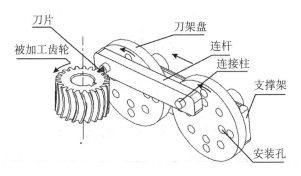

图 1-26 平行连杆式加工机构

平行连杆式加工法也存在一些缺陷。首先刀架盘与齿轮轮坯在切削初始位置关系没有明确，如果刀片转至齿宽中线时，刀片到达齿线圆弧的顶点，刀片继续切削，那么齿轮应该反方向旋转。此外，吴伟伟也对"平行连杆式"进行了计算机模拟分析，认为其刀具结构使用寿命不长，而且连杆体往复运动会与整体结构参数冲突并限制刀具的运动速度，从而不易保证加工效率，该加工方法暂时只能用于加工低硬度材质。[8]

1.6 齿轮传动试验台

在传统齿轮传动试验台改进方面，蒋冰等[53]用扭矩传感器采集信息，通过振荡电路形成信号，用单片机作为数据采集系统，将数据传输给系统机，完成数据的处理、显示、保存及打印等工作。许红平等[54]针对已有机械传动系统试验台存在的缺陷，提出不同的试验台结构和测试控制方法。薛挺圻[55]设计出同时具有开放功率流式齿轮实验台与封闭功率流式齿轮试验台优点的新颖试验台。

在齿轮综合性能测试方面，徐磊[56]设计了一种齿轮传动综合性能试验测试系统，对温升、传动效率、振动噪声、承载能力都能进行试验测试。帅向群[57]设计了一种能够进行多种齿轮试验的试验台，采用温度、压力、扭矩等传感器，单片机，A/D 转换器构成数据采集的硬件结构，利用 Dephi 和汇编语言编写数据采集软件。

韩永杰[58]设计出一种新型功率流开放齿轮润滑试验台，可以在线检测不同转速条件、不同载荷和不同润滑方式下齿面瞬时温度的数值。徐文科[59]开发出一种封闭功率齿轮传动试验台来测试齿轮装置的温升。

1.7　主要内容

弧齿圆柱齿轮的齿廓曲线与其他形式的圆柱齿轮一样，既可以是渐开线，也可以是其他形式的曲线。目前，关于弧齿圆柱齿轮啮合的主要研究方法是将圆弧齿线齿条、弧齿齿条作为基本齿条，采用范成法进行齿轮加工；期望加工出来的齿轮的齿形为圆弧、齿廓为渐开线，能像渐开线直齿圆柱齿轮、斜齿圆柱齿轮一样沿齿线啮合。因此，本研究的齿轮齿廓界定为渐开线圆弧齿线圆柱齿轮（简称"渐开线弧齿圆柱齿轮"），发生面上圆弧线的运动轨迹作为渐开线弧齿圆柱齿轮的齿面，以此为基础，具体研究内容如下。

（1）采用类似渐开线直齿圆柱齿轮、斜齿圆柱齿轮的齿面生成方法，弧齿圆柱齿轮的发生面绕着基圆柱滚动。发生面上的一段弦线平行于基圆柱母线的圆弧的运动轨迹即为渐开线弧齿圆柱齿轮的齿面。首先求出圆弧线随着发生面的滚动印在圆柱面上的曲线的方程，并用三维绘图软件绘出曲线图形，通过研究圆弧线上任意点的渐开线运动，求出渐开线弧齿圆柱齿轮的齿面方程。其次根据啮合运动规律及齿面法线法求出其共轭齿面的方程，并运用数学软件仿真出齿面及共轭齿面的图形。再次，为了便于和前人研究结论形成对比，采用齿顶为圆角的齿条型刀具范成加工渐开线弧齿圆柱齿轮。根据弧齿圆柱齿轮的齿面方程求出齿廓曲面族在基本齿条坐标系中的方程，再根据包络理论求出基本齿条的齿面方程，并分析基本齿条的齿廓、齿线的形状。最后，根据啮合原理求出渐开线弧齿圆柱齿轮的过渡曲面方程。

（2）齿轮啮合特性的研究是齿轮研究内容的重点。径向截面相互啮合的渐开线弧齿圆柱齿轮组，分析任意径向截面上的接触点之间的运动关系，求出两齿轮接触点的相对速度公式。因为齿面在接触点处的相对速度必然和齿面的公法线垂直，由此求出啮合条件方程。联立齿面方程与啮合条件方程，方程组的解是接触线方程曲线。首先采用积分的方法求出接触线的长度，并对接触线的性质进行分析。其次，求出任意径向截面的端面重合度，在此基础上，再求出轴向重合度，端面重合度与轴向重合度之和即为渐开线弧齿圆柱齿轮的重合度。最后，在计算诱导法曲率时依次求出齿面的幺法矢、第一基本变量与第二基本变量、出主曲率和主方向、相对速度与相对角速度、矢量 P 与矢量 q，以及接触线垂直方向诱导法曲率。

（3）实际应用中，齿轮啮合特性的测试比较复杂。齿轮效率是齿轮啮合特性的一个重要的综合指标。齿轮效率又表现为齿轮的温度，齿轮的温度包括齿轮本体温度及齿面温度，测试齿轮本体温度及齿面温度都较为复杂，因此，本研究通过测试齿轮装置运转过程中的温升来替代齿轮温度测试。根据使用条件，选择封闭功率流式齿轮试验台作为基本试验平台。温度测试平台总体方案设计包括试验台选型方案、总体方案具体设计等。总体方案具体包括机械传动模块、测试模块、电气模块和控制模块等设计。测试及电气控制系统的体系结构主要由测试模块、电气模块和控制模块组成。最后确定齿轮装置温升实验方案的实验目的、实验条件、实验装置、实验齿轮、实验润滑油和实验步骤等具体内容。

1.8 本章小结

本章首先介绍了渐开线弧齿圆柱齿轮的研究背景。随着科学技术的发展，在航空、航天、船舶、核动力、风力发电及重型装备等重要领域，常规圆柱齿轮已很难满足承载力高、齿面硬度高、精度高、速度高、可靠性高、传动效率高，组织生产效率的模块化、小型化和多样化，以及噪声低、成本低的特殊需求。为克服直齿圆柱齿轮、斜齿圆柱齿轮和人字齿圆柱齿轮三种形式的圆柱齿轮存在的不足，在美国格里森公司（Gleason Works）最早研制的弧齿锥齿轮的基础之上，渐开线弧齿圆柱齿轮的概念被提出。

渐开线弧齿圆柱齿轮的加工方法按照工具的不同可以分为旋转刀盘

加工法、滚切加工法和平行连杆式加工法三种方法，而旋转刀盘加工法又是研究最为集中的一种方法。旋转刀盘加工法按照不同工艺，又可分为双面刀刃刀加工法（一刀加工法）、大刀盘分度切齿法（两刀加工法）和三刀切削加工方法三种方法。本章对以上加工方法进行了归纳、提炼，上述加工方法的理论基础可以概括为圆锥齿条和圆弧齿条范成加工两种，指出这两种理论基础假设都存在着一定问题，最后提出本研究的主要内容。

第2章

渐开线弧齿圆柱齿轮的几何模型

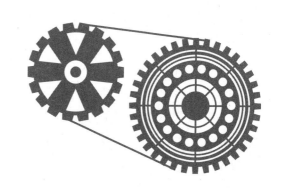

2.1　引言

渐开线弧齿圆柱齿轮的几何模型比平面齿廓更为复杂。而齿面模型的准确度直接影响其啮合特性，要准确生成齿轮三维模型，必须以齿轮齿面、共轭齿面和过渡曲面的数学模型为基础，通过方程求解齿面上的点坐标，对相应点的坐标进行处理才能实现。首先，采用与渐开线直齿圆柱齿轮、斜齿圆柱齿轮类似的方法，对渐开线弧齿圆柱齿轮齿面的生成机理进行研究，推导出齿面方程。其次，基于齿轮啮合相关理论，推导出线啮合齿轮的共轭齿面数学模型。再次，根据齿轮旋转时其齿面在齿条坐标系的曲面族方程和包络理论，求出齿条的齿廓方程。最后，根据啮合原理求出渐开线弧齿圆柱齿轮的过渡曲面方程，为研究渐开线弧齿圆柱齿轮的啮合特性、精确三维建模及有限元分析奠定基础。

2.2　弧齿面的生成

渐开线弧齿圆柱齿轮的空间形态非常复杂。进行空间建模时，不可能由径向截面上的平面齿形经空间平移、旋转、比例放大而生成一个空间轮齿模型，所以要建立一个准确可靠的渐开线弧齿圆柱齿轮的模型，必须依靠精确的渐开线弧齿圆柱齿轮的齿面方程。渐开线弧齿圆柱齿轮的运动学、动力学、润滑、加工及检测等问题的研究都必须以齿面方程为基础，因此，对渐开线弧齿圆柱齿轮的齿面方程进行研究具有重要的理论意义及现实意义。采用类似渐开线直齿圆柱齿轮、斜齿圆柱齿轮的齿面的生成方法，生成渐开线弧齿圆柱齿轮的齿面。

发生面 S 上的圆弧线 CGD 的弦线 CD 平行于基圆柱的母线 NN'。圆弧线 CGD 的半径为 R_t，圆心为 O_t。当发生面沿基圆柱做纯滚动时，曲线$C_0G_0D_0$为圆弧线 CGD 对应在圆柱面上的初始曲线。CGD 运动的轨迹面就是渐开线弧齿圆柱齿轮的齿面，如图 2-1 所示。

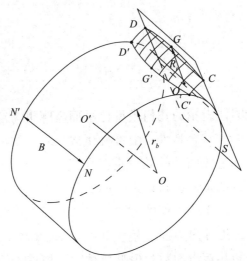

图 2-1　渐开线弧齿圆柱齿轮齿面的形成

CGD 运动的轨迹面与垂直于圆柱轴线的任一截面的交线仍是渐开线。假设基圆柱的高（齿宽）为 B，半径为r_b，要形成完整齿面，在理论上应该有$R_t \geqslant B/2$。当$R_t \to +\infty$时，渐开线弧齿圆柱齿轮变为渐开线直齿圆柱齿轮。在此基础上，若弦线 CD 与基圆柱的母线成一角度β_b，渐开线弧齿圆柱齿轮变为渐开线斜齿圆柱齿轮。

2.3　齿轮的齿面模型

2.3.1 弧线印在柱面上的曲线方程

如图 2-2 所示，圆柱为齿轮 1 的基圆柱。以圆柱的轴线为 z 轴，正中间的径向截面为xOy坐标平面，建立固定在机架上的坐标系$S(x, y, z)$。以圆柱的轴线为z_1轴，正中间的径向截面为$x_1O_1y_1$坐标平面，建立固定在齿轮 1 上的坐标系$S_1(x_1, y_1, z_1)$。基圆柱在初始位置时，y_1轴与 y 轴重合。将坐标系$S_1(x_1, y_1, z_1)$沿z_1轴正方向平移距离 h，建立坐标系$S_{1h}(x_{1h}, y_{1h}, z_{1h})$。

坐标系 $S_{1h}(x_{1h}, y_{1h}, z_{1h})$ 固定在齿轮 1 上。在初始位置时，y_1 轴与 y_{1h} 轴间的角度为 0°。在发生面上，O_t 为圆弧线 CGD 的圆心，G 为圆弧线 CGD 的中点，弦线 CD 平行于圆柱的母线 NN'。发生面在初始位置时，圆弧线 CGD 的中点 G 在 y_1 轴上。

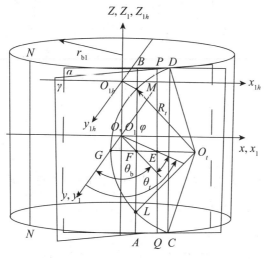

图 2-2　圆柱上的坐标系

发生面在基圆柱面上做无滑动转动。直线 O_tG 印在圆柱面上的曲线落在 $x_1O_1y_1$ 坐标平面与柱面的交线上。当发生面转到任意位置（α 平面）时，此时发生面转过的角度为 θ_b，发生面与圆柱面的切线为 AB。圆弧线 CGD 与切线 AB 的交点为 M，L。GO_t 与 AB 的交点为 F。发生面的初始旋转角 θ_b 的方程表示为

$$\theta_b = GF / r_{b1} \tag{2-1}$$

其中，r_{b1} 为齿轮 1 的基圆柱的半径；GF 为发生面内 G 点到 F 点的距离。

当发生面继续做无滑动转动，圆弧线 CGD 上的 M，L 点开始做渐开线运动。当发生面转到 γ 平面位置时，此时发生面转过的角度为 θ_t，M，L 点的渐开线展开角为 φ，此时发生面与圆柱的切线为 PQ，PQ 与 O_tG 的交点为 E。则有

$$GE = r_{b1}\theta_t \tag{2-2}$$

同时，φ、θ_t、θ_b满足如下关系式：

$$\theta_t = \varphi + \theta_b \tag{2-3}$$

在发生面内的$Rt\triangle O_t FM$中，$O_t M$的距离为R_t；M、L点印在圆柱面上的点为M_0、L_0点；以M为研究对象，M到直线$O_t G$的距离（M到坐标平面xOy的距离、M在坐标系$O\text{-}xyz$中z轴坐标值）为h，即M点在坐标平面$x_{1h}O_{1h}y_{1h}$内。h应该满足条件$-B/2 \leqslant h \leqslant B/2$，根据勾股定理，有

$$GF = O_t G - O_t F = R_t - \sqrt{R_t^2 - h^2} \tag{2-4}$$

将式（2-4）代入式（2-1），则θ_b可表示为

$$\theta_b = GF / r_{b1} = (R_t - \sqrt{R_t^2 - h^2}) / r_{b1} \tag{2-5}$$

随着发生面转动，M_0、L_0点在圆柱面上的轨迹在直角坐标系$S_1(x_1, y_1, z_1)$中的方程可表示为

$$\begin{cases} x_1 = r_{b1}\sin\theta_b \\ y_1 = r_{b1}\cos\theta_b \qquad (-B/2 \leqslant h \leqslant B/2) \\ z_1 = h \end{cases} \tag{2-6}$$

2.3.2 齿轮的齿面方程

在图2-2中，过M点沿直径方向截圆柱，其截面如图2-3所示。

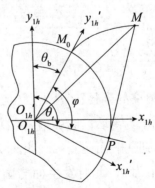

图2-3　过M点的径向截面

因M_0为M对应在圆柱面上的点，渐开线MM_0为M点的轨迹线，直

线 PM 为发生面的截线。M 点的渐开线的展开角 φ 可用如下公式表示：

$$\varphi = EF / r_{b1} = (GE - GF) / r_{b1} = (r_{b1}\theta_t + \sqrt{R_t^2 - h^2} - R_t) / r_{b1} \tag{2-7}$$

在过 M 的径向截面内建立坐标系 $S'_{1h}(x'_{1h}, y'_{1h}, z'_{1h})$，$y'_{1h}$ 轴过 M_0 点，坐标原点 O'_{1h} 与 O_{1h} 重合，渐开线 MM_0 在坐标系 $S'_{1h}(x'_{1h}, y'_{1h}, z'_{1h})$ 的方程为

$$\begin{cases} x'_{1h} = r_{b1}(\sin\varphi - \varphi\cos\varphi) \\ y'_{1h} = r_{b1}(\cos\varphi + \varphi\sin\varphi) \\ z'_{1h} = 0 \end{cases} \tag{2-8}$$

坐标系 $S'_{1h}(x'_{1h}, y'_{1h}, z'_{1h})$ 绕 z'_{1h} 轴逆时针转动 θ_b 得到坐标系 $S_{1h}(x_{1h}, y_{1h}, z_{1h})$，其旋转坐标变换公式为

$$\begin{cases} x_{1h} = x'_{1h}\cos\theta_b + y'_{1h}\sin\theta_b \\ y_{1h} = -x'_{1h}\sin\theta_b + y'_{1h}\cos\theta_b \\ z_{1h} = z'_{1h} \end{cases} \tag{2-9}$$

将式（2-8）带入式（2-9）得到渐开线 MM' 在坐标系 $S_{1h}(x_{1h}, y_{1h}, z_{1h})$ 中的表达式：

$$\begin{cases} x_{1h} = r_{b1}(\sin\theta_t - \varphi\cos\theta_t) \\ y_{1h} = r_{b1}(\cos\theta_t + \varphi\sin\theta_t) \\ z_{1h} = 0 \end{cases} \tag{2-10}$$

坐标系 $S_1(x_1, y_1, z_1)$ 沿 z_1 轴正方向移动 h 得到坐标系 $S_{1h}(x_{1h}, y_{1h}, z_{1h})$。根据坐标变换公式，得到渐开线 MM_0 在坐标系 $S_1(x_1, y_1, z_1)$ 中的表达式：

$$\begin{cases} x_1 = r_{b1}(\sin\theta_t - \varphi\cos\theta_t) \\ y_1 = r_{b1}(\cos\theta_t + \varphi\sin\theta_t) \\ z_1 = h \end{cases} \tag{2-11}$$

因为 α 平面可在任意位置，所以变量 h 在 $-B/2 \leqslant h \leqslant B/2$ 区间任意变化。随着 h、θ_t 变化，式（2-11）就是渐开线齿面在坐标系 $S_1(x_1, y_1, z_1)$ 中的方程。

设齿轮 1 与齿轮 2 啮合转动，沿 z_1 轴方向看，齿轮 1 逆时针转动角度为 β_1，则固定在齿轮 1 上的坐标系 $S_1(x_1, y_1, z_1)$ 相对固定在机架上的坐标系 $S(x, y, z)$ 也逆时针转动 β_1，如图 2-4 所示。

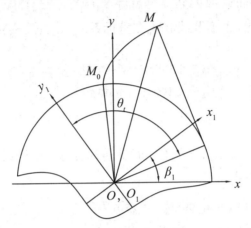

图 2-4　齿轮 1 转动位置

坐标系 $S_1(x_1, y_1, z_1)$ 变换到坐标系 $S(x, y, z)$，坐标变换式为

$$\begin{cases} x = x_1 \cos \beta_1 - y_1 \sin \beta_1 \\ y = x_1 \sin \beta_1 + y_1 \cos \beta_1 \\ z = z_1 \end{cases} \qquad （2\text{-}12）$$

将式（2-11）式带入式（2-12），得到齿轮 1 在坐标系 $S(x, y, z)$ 中的齿面方程。

$$\begin{cases} x = r_{b1}(\sin(\theta_t - \beta_1) - \varphi \cos(\theta_t - \beta_1)) \\ y = r_{b1}(\cos(\theta_t - \beta_1) + \varphi \sin(\theta_t - \beta_1)) \\ z = h \end{cases} \qquad （2\text{-}13）$$

2.3.3 齿轮的齿面仿真

例一，发生面上的弧线在圆柱面上对应曲线仿真设圆柱的半径 $r_{b1} = 20$ mm、圆弧线半径 $R_t = 12$ mm。根据圆弧线对应在圆柱上的曲线方程（2-6）和 θ_b 的表达式（2-5），用三维绘图软件 ProE Wildfire

5.0 的方程插入基准曲线的功能作图。设参数 t 取值范围是 $0 \leqslant t \leqslant 1$，当 $0 \leqslant h = 10 \cdot t$ 时，曲线方程的 ProE Wildfire 5.0 的表达式为

$$\begin{cases} r_{b1} = 20 \\ \theta = \left(\left(12 - \left(12^2 - z^2 \right)^{0.5} \right) / 20 \right) \cdot (180 / \pi) \\ z = 10 \cdot t \end{cases} \quad （2\text{-}14）$$

再使用三维绘图软件 ProE Wildfire 5.0 的镜像功能，通过镜像 $0 \leqslant h = 10 \cdot t$ 时的曲线，便得到 $h \leqslant 0$ 时的曲线 $C_0 G_0 D_0$，从而得到在基圆柱上整条弧线的 Default（缺省）视图，如图 2-5 所示。

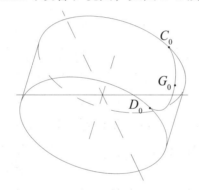

图 2-5　弧线印基圆柱上的曲线 Default 视图

例二，渐开线弧齿圆柱齿轮的齿面仿真。

根据渐开线弧齿线圆柱齿轮的齿面方程（2-11），利用 MATLAB R2010a 仿真渐开线弧齿圆柱齿轮的齿面。设圆柱的半径 $r_{b1} = 20$ mm、$R_t = 12$ mm、$0 < \theta_t < 1$，渐开线弧齿圆柱齿轮的齿面仿真图如 2-6 所示。

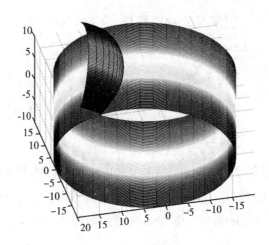

图 2-6　渐开线弧齿圆柱齿轮的齿面仿真图形

通过以上公式推导和仿真可知，采用类似渐开线直齿圆柱齿轮、斜齿圆柱齿轮的齿面形成的方法，可以生成渐开线弧齿圆柱齿轮的齿面。通过数学公式推导，并且通过 ProE Wildfire 5.0、MATLAB R2010a 等软件绘制以上方程的图形，其结果证明方程的正确性，为渐开线弧齿圆柱齿轮的后续研究奠定基础。

2.4　齿轮的共轭齿面模型

共轭齿面间的接触情况，如接触域的大小、形状和部位等，直接影响着传动质量和传用寿命，因此受到工程界特别的关注。接触域的分析与控制已成为弧齿圆柱齿轮、弧齿锥齿轮及蜗杆蜗轮等复杂传动副的设计与加工的关键性技术。共轭齿面方程的求解是上述研究工作的前提和基础。

2.4.1 齿轮的共轭齿面方程

齿轮 1 与齿轮 2 啮合转动，齿轮 1 与齿轮 2 由初始位置分别转动 β_1 和 β_2，过渐开线弧齿圆柱齿轮 1 和齿轮 2 的任意接触点 M，径向截齿轮 1 和齿轮 2，其截面如图 2-7 所示。

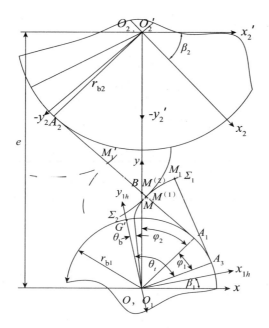

图 2-7　任意接触点 M 的径向截面

在任意接触点 M 的径向截面内，齿轮 1 的齿廓线均为渐开线，所以在齿轮传动过程中，啮合线是一条直线，即为两齿轮基圆的内公切线。因为 M 是齿面上任意接触点，根据渐开线弧齿圆柱齿轮的齿面生成原理，啮合线均为截面上两基圆的内公切线。因此，平行轴渐开线弧齿圆柱齿轮副的啮合面为平面。

设齿轮 1、2 的中心距为 e，其基圆 O_1、O_2 的半径分别为 r_{b1}、r_{b2}。直线 A_1A_2 为两齿轮的啮合面的在截面内的截线。内公切线 A_1A_2 为齿轮 1 和齿轮 2 两基圆的在截面内的啮合线。A_1、A_2 为内公切线与齿轮的基圆的切点。M 是截面内的接触点，则它必在直线 A_1A_2 上。此时，啮合面与齿轮 1 的发生面重合。直线 A_1A_2 与两齿轮的中心线 O_1O_2 的交点为 B_0。直线 A_1A_2 和点 B_0 在固定坐标系 $S(x,y,z)$ 中的位置是固定的。

设齿轮 1 的齿面上有另一任意点 M_1，M_1 点的齿廓法线（即 M_1 点的发生线）与基圆相切于点 A_3。设 M_1 随齿轮 1 继续旋转 φ_1 角度成为接触点 M_1'，则 M_1' 必在固定坐标系中啮合线 A_1A_2 上。设 $\angle A_1O_1B_0 = \varphi_2$，$M_1$ 点对应的发生面转过的角度为 θ_t。

由图 2-7 得

$$\angle G_0 O_1 B_0 = \beta_1 \tag{2-15}$$

所以有

$$\varphi_1 = \theta_t - \beta_1 - \varphi_2 \tag{2-16}$$

当 M 点是啮合点时，坐标系 $S_{1h}(x_{1h}, y_{1h}, z_{1h})$ 相对坐标系 $S(x, y, z)$ 转动 β_1。如果 M_1 要成为啮合点，坐标系 $S_{1h}(x_{1h}, y_{1h}, z_{1h})$ 随齿轮 1 继续转动 φ_1。如果 M_1 成为啮合点，那么齿轮 1 相对坐标系 $S(x, y, z)$ 总共转动角度 μ_1 为

$$\mu_1 = \beta_1 + \varphi_1 = \beta_1 + \theta_t - \beta_1 - \varphi_2 = \theta_t - \varphi_2 \tag{2-17}$$

因为 Rt $\triangle$ $O_2 A_2 B_0$ $\backsim$ Rt $\triangle$ $O_1 A_1 B_0$，所以有如下关系式：

$$\frac{O_1 B_0}{O_2 B_0} = \frac{r_{b1}}{r_{b2}} \tag{2-18}$$

其中，r_{b1} 表示齿轮 1 的基圆柱半径；r_{b2} 表示齿轮 2 的基圆柱半径。因此有

$$O_2 B_0 = \frac{r_{b2}}{r_{b1}} O_1 B_0 \tag{2-19}$$

又

$$O_2 B_0 + O_1 B_0 = e \tag{2-20}$$

因此有

$$O_1 B = \frac{r_{b1} e}{r_{b1} + r_{b2}} \tag{2-21}$$

在 Rt $\triangle$ $O_1 A_1 B_0$ 中，根据勾股定理得出

$$A_1 B_0 = r_{b1} \sqrt{\left(\frac{e}{r_{b1} + r_{b2}} \right)^2 - 1} \tag{2-22}$$

$$\tan \varphi_2 = \tan \angle A_1 O_1 B_0 = \frac{A_1 B_0}{r_{b1}} = \sqrt{\left(\frac{e}{r_{b1}+r_{b2}}\right)^2 - 1} \qquad (2\text{-}23)$$

$$\varphi_2 = \angle A_1 O_1 B_0 = \arctan \sqrt{\left(\frac{e}{r_{b1}+r_{b2}}\right)^2 - 1} \qquad (2\text{-}24)$$

坐标系 $S_1(x_1,y_1,z_1)$ 绕 z_1 轴逆时针转动角度 $\mu_1(\mu_1 = \theta_t - \varphi_2)$ 到坐标系 $S(x,y,z)$ 位置，其坐标变换式为

$$\begin{cases} x = x_1 \cos(\theta_t - \varphi_2) - y_1 \sin(\theta_t - \varphi_2) \\ y = x_1 \sin(\theta_t - \varphi_2) + y_1 \cos(\theta_t - \varphi_2) \\ z = z_1 \end{cases} \qquad (2\text{-}25)$$

将齿轮 1 上任意点 M_1 在坐标系 $S_1(x_1,y_1,z_1)$ 中方程表达式（2-11）（齿轮 1 的齿面方程）代入上面的坐标变换式（2-25），得到任意啮合点在坐标系 $S(x,y,z)$ 中的方程，即啮合面方程：

$$\begin{cases} x = r_{b1}(\sin \varphi_2 - \varphi \cos \varphi_2) \\ y = r_{b1}(\cos \varphi_2 + \varphi \sin \varphi_2) \\ z = z_1 = h \end{cases} \qquad (2\text{-}26)$$

上面的参数方程中，x、y 的参数表达式中含有参数 φ，而参数 φ 中又包括参数 h、θ_t，这样不利于研究 x、y 之间关系。将 x、y 的参数式进行简化得到：

$$(x - r_{b1} \sin \varphi_2) \tan \varphi_2 + y - r_{b1} \cos \varphi_2 = 0 \qquad (2\text{-}27)$$

由上式可知，在该截面内，啮合线为一条直线；r_{b1}、φ_2 均为定值，x、y 之间的关系不受 z 值影响，啮合平面为与 z 轴平行的平面。

设齿轮 1 由初始位置转到 M_1' 时，固定在齿轮 2 上的坐标系 $S_2(x_2,y_2,z_2)$ 相对初始位置坐标系 $S_2'(x_2',y_2',z_2')$ 顺时针转动的角度值为 μ_2（$\mu_2 \geqslant 0$）。

由齿轮传动的传动比的性质得

$$\frac{\mu_1}{\mu_2} = \frac{O_2 B_0}{O_1 B_0} = \frac{r_{b2}}{r_{b1}} \tag{2-28}$$

则有

$$\mu_2 = \frac{r_{b1}}{r_{b2}} \mu_1 = \frac{r_{b1}}{r_{b2}} (\theta_t - \varphi_2) \tag{2-29}$$

齿轮 2 由初始位置的坐标系 $S_2'(x_2', y_2', z_2')$ 绕 z_2' 轴顺时针转动 μ_2 角便到坐标系 $S_2(x_2, y_2, z_2)$ 位置，其坐标变换式为

$$\begin{cases} x_2 = x_2' \cos \mu_2 - y_2' \sin \mu_2 \\ y_2 = x_2' \sin \mu_2 + y_2' \cos \mu_2 \\ z_2 = z_2' \end{cases} \tag{2-30}$$

固定坐标系 $S(x, y, z)$ 沿 y 轴正方移动 e 得到坐标系 $S_2'(x_2', y_2', z_2')$，其坐标变换关系式如下：

$$\begin{cases} x_2' = x \\ y_2' = y - e \\ z_2' = z \end{cases} \tag{2-31}$$

将式（2-31）带入式（2-30），得到坐标系 $S(x, y, z)$ 到坐标系 $S_2(x_2, y_2, z_2)$ 的变换公式：

$$\begin{cases} x_2 = x \cos \mu_2 - y \sin \mu_2 + e \sin \mu_2 \\ y_2 = x \sin \mu_2 + y \cos \mu_2 - e \cos \mu_2 \\ z_2 = z \end{cases} \tag{2-32}$$

将坐标系 $S(x, y, z)$ 中啮合面方程代入式（2-32），得到接触点在齿轮 2 上的方程，即齿轮 1 的共轭齿面方程：

$$\begin{cases} x_2 = r_{b1}\big[\sin(\varphi_2 - \mu_2) - \varphi\cos(\varphi_2 - \mu_2)\big] + e\sin\mu_2 \\ y_2 = r_{b1}\big[\cos(\varphi_2 - \mu_2) + \varphi\sin(\varphi_2 - \mu_2)\big] - e\cos\mu_2 \\ z_2 = h \end{cases} \quad (2\text{-}33)$$

2.4.2 齿轮的共轭齿面仿真

设小齿轮 1 的分度圆直径为 $d_1 = 40\,\text{mm}$，齿宽为 $b_1 = 20\,\text{mm}$，压力角为 $20°$，$R_t = 12\,\text{mm}$、$0 \leqslant \theta_t \leqslant 1$。则齿轮 1 的基圆半径 $R_{b1} = (d_1/2) \times \cos 20° = 18.793\,9$（nm）。

设小齿轮 2 的分度圆直径为 $d_2 = 60\,\text{mm}$，齿宽 b_2 为 $20\,\text{mm}$，压力角为 $20°$，$R_t = 12\,\text{mm}$、$0 \leqslant \theta_t \leqslant 1$。则齿轮 2 的基圆半径 $R_{b2} = (d_2/2) \times \cos 20° = 28.190\,8$（mm）。

两齿轮的中心距 $e = d_2/2 + d_1/2 = 50$（mm）。

传动比 $i_{12} = d_2/d_1 = 3/2$；设 $\beta_1 = \pi/12$，$\theta_t = 0.610\,9$。

根据渐开线弧齿圆柱齿轮的共轭齿面方程（2-33），使用数学软件 MATLAB R2010a 绘出共轭齿面图形，如图 2-8 所示。

图 2-8　渐开线弧齿圆柱齿轮的共轭齿面

再根据渐开线弧齿圆柱齿轮的啮合面方程，使用数学软件数学软件 MATLAB R2010a，将渐开线弧齿圆柱齿轮的齿面、啮合面和共轭齿面合在一起进行仿真。圆环面分别为齿轮 1 和齿轮 2 的基圆柱面，两基圆柱面的内公切面为啮合平面，其位置关系如图 2-9 所示。

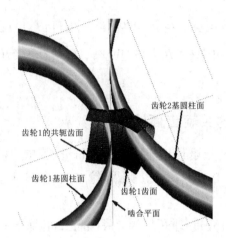

图 2-9　渐开线弧齿圆柱齿轮齿面、啮合面、共轭齿面位置关系

2.5　齿轮的齿根过渡曲面模型

在齿轮工作时，轮齿之间的接触区域承受强烈的冲击载荷，特别是齿根部位存在很大的交变应力，齿轮的根部在整个齿轮系统中是相对薄弱的部位。齿轮弯曲折断是齿轮最主要的失效形式之一。弯曲折断主要发生在齿轮根部，主要原因是在齿轮啮合的过程中，齿根部位承受着较大的交变应力，这样，在齿根部位出现应力疲劳现象，在长期工作状态下，齿轮就会出现疲劳裂纹，随着疲劳裂纹的逐渐扩大，最终齿根将会在某一应力峰值下突然断裂 [54]。研究齿根过渡曲面对判定齿根应力分布状况有重大意义。

2.5.1 齿条齿廓的方程

刀具的齿顶圆角（或尖角）在齿轮切削加工过程中形成齿根过渡线。齿根过渡线不仅受刀具工作齿廓形状、刀顶圆角形状的影响，还受齿轮的加工方法的影响。范成法是在齿轮加工中运用最普遍的加工方法，所用的切削刀具主要有两种类型：齿条型、齿轮型。由于其他研究者多采用齿条范成法加工渐开线弧齿圆柱齿轮，为了便于对比，下面使用齿条型刀具加工齿轮的方式对齿根过渡线进行研究。

2.5.1.1 齿轮齿廓的曲面族方程

以距离齿宽中间截面任意值 h 的径向截面切渐开线弧齿圆柱齿轮，截面如图 2-10 所示。以齿轮的中心为坐标原点 O，y 轴垂直向上，x 轴水平向右，建立固定在机架上的坐标系 $S(x, y, z)$。以齿轮的轴线为 z_1 轴，正中间的径向截面为 $x_1 O_1 y_1$ 坐标平面，建立固定在齿轮 1 上的坐标系 $S_1(x_1, y_1, z_1)$。齿轮在初始位置时，y_1 轴与 y 轴重合。建立固定在齿条上的坐标系 $S_2(x_2, y_2, z_2)$，坐标平面 $x_2 o_2 y_2$ 在齿条移动方向的正中间截面上。在初始位置时，坐标原点 O_2 与 P 点重合。

设 v 代表齿条的移动速度，w 代表齿轮的角速度，R 代表齿轮分度圆的半径，α 代表齿轮的齿形角，r_{b1} 代表齿轮的基圆半径，则有公式 $v = Rw$ 和 $r_{b1} = R\cos\alpha$。现使齿轮转过角度为 φ，齿条移动距离为 R_φ。根据刀具齿轮与齿条啮合要求，齿轮曲面和齿条齿面仍旧相切贴在一起，即它们既不分离也不相互嵌入。

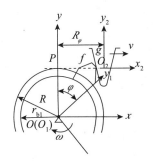

图 2-10　齿条齿廓曲线计算

当齿条与刀具齿轮相互啮合时，齿条移动，而齿轮转动，两者的齿形在任何时刻都是相切的。如果把齿条视为静止不动的，齿轮相对齿条的运动就变为转动和移动的合成。在这种情况下，齿轮齿廓曲面 f 就构成曲面族 $\{f_a\}$，而齿条齿廓曲面 g 和曲面族 $\{f_a\}$ 中的各曲线 f 总是相切的。如此，齿条齿廓曲面 g 是曲面族 $\{f_a\}$ 的包络面，求解齿条齿形的问题就转化为求曲线族 $\{f_a\}$ 的包络面的问题。

齿轮的齿廓曲面f是已知的，它在坐标系$S_1(x_1, y_1, z_1)$中的方程为

$$\begin{cases} x_1 = r_{b1}(\sin\theta_t - \varphi\cos\theta_t) \\ y_1 = r_{b1}(\cos\theta_t + \varphi\sin\theta_t) \\ z_1 = h \end{cases} \qquad (2-34)$$

$S_1(x_1, y_1, z_1)$到$S(x, y, z)$坐标系之间的变换关系为

$$T_{01} = \begin{bmatrix} \cos\varphi & -\sin\varphi & 0 \\ \sin\varphi & \cos\varphi & 0 \\ 0 & 0 & 1 \end{bmatrix} \qquad (2-35)$$

$S(x, y, z)$到$S_2(x_2, y_2, z_2)$坐标系之间的变换关系为

$$T_{20} = \begin{bmatrix} 1 & 0 & -R_\varphi \\ 0 & 1 & -R \\ 0 & 0 & 1 \end{bmatrix} \qquad (2-36)$$

$S_1(x_1, y_1, z_1)$到$S_2(x_2, y_2, z_2)$坐标系之间的变换关系为

$$\begin{aligned} T_{21} = T_{20}T_{01} &= \begin{bmatrix} 1 & 0 & -R_\varphi \\ 0 & 1 & -R \\ 0 & 0 & 1 \end{bmatrix} \begin{bmatrix} \cos\varphi & -\sin\varphi & 0 \\ \sin\varphi & \cos\varphi & 0 \\ 0 & 0 & 1 \end{bmatrix} \\ &= \begin{bmatrix} \cos\varphi & -\sin\varphi & -R_\varphi \\ \sin\varphi & \cos\varphi & -R \\ 0 & 0 & 1 \end{bmatrix} \end{aligned} \qquad (2-37)$$

则曲线族$\{f_a\}$在坐标系$S_2(x_2, y_2, z_2)$中的方程为

$$\begin{bmatrix} x_{2h} \\ y_{2h} \\ 1 \end{bmatrix} = T_{21}\begin{bmatrix} x_{1h} \\ y_{1h} \\ 1 \end{bmatrix} = \begin{bmatrix} \cos\varphi & -\sin\varphi & -R_\varphi \\ \sin\varphi & \cos\varphi & -R \\ 0 & 0 & 1 \end{bmatrix}\begin{bmatrix} r_{b1}(\sin\theta_t - \varphi\cos\theta_t) \\ r_{b1}(\cos\theta_t + \varphi\sin\theta_t) \\ 1 \end{bmatrix} \qquad (2-38)$$

即

$$\begin{cases} x_2 = r_{b1}(\sin(\theta_t - \varphi) - \varphi\cos(\theta_t - \varphi)) - R_\varphi \\ y_2 = r_{b1}(\cos(\theta_t - \varphi) + \varphi\sin(\theta_t - \varphi)) - R \\ z_2 = h \end{cases} \qquad (2-39)$$

2.5.1.2 齿条齿廓曲面方程

根据包络理论[60]，曲曲族$\{f_a\}$与包络面g的接触条件：

$$\varphi(\theta_t, h, \varphi) = (r_{\theta_t}, r_h, r_\varphi) = 0 \qquad （2\text{-}40）$$

由齿面曲面族方程（2-39）得

$$r_{\theta_t} = r_{b1}\varphi\sin(\theta_t - \varphi)i + r_{b1}\varphi\cos(\theta_t - \varphi)j \qquad （2\text{-}41）$$

$$r_h = \frac{h}{\sqrt{R_t^2 - h^2}}\cos(\theta_t - \varphi)i - \frac{h}{\sqrt{R_t^2 - h^2}}\sin(\theta_t - \varphi)j + k \qquad （2\text{-}42）$$

$$r_\varphi = -(r_{b1}\cos(\theta_t - \varphi) + r_{b1}\varphi\sin(\theta_t - \varphi) + R)i + \\ (r_{b1}\sin(\theta_t - \varphi) - r_{b1}\varphi\cos(\theta_t - \varphi))j \qquad （2\text{-}43）$$

$$r_{\theta_t} \times r_h = \begin{vmatrix} i & j & k \\ r_{b1}\varphi\sin(\theta_t - \varphi) & r_{b1}\varphi\cos(\theta_t - \varphi) & 0 \\ \dfrac{h}{\sqrt{R_t^2 - h^2}}\cos(\theta_t - \varphi) & -\dfrac{h}{\sqrt{R_t^2 - h^2}}\sin(\theta_t - \varphi) & 1 \end{vmatrix} \qquad （2\text{-}44）$$
$$= r_{b1}\varphi\cos(\theta_t - \varphi)i - r_{b1}\varphi\sin(\theta_t - \varphi)j - \frac{r_{b1}\varphi h}{\sqrt{R_t^2 - h^2}}k$$

则曲线族$\{f_a\}$与包络面g的接触条件为

$$(r_{\theta_t}, r_h, r_\varphi) = (r_{\theta_t} \times r_h) \cdot r_\varphi = (r_{b1}\varphi\cos(\theta_t - \varphi)i - r_{b1}\varphi\sin(\theta_t - \varphi)j) \cdot \\ (-(r_{b1}(\cos(\theta_t - \varphi) + \varphi\sin(\theta_t - \varphi)) + R)i + \\ r_{b1}(\sin(\theta_t - \varphi) - \varphi\cos(\theta_t - \varphi))j)) \qquad （2\text{-}45） \\ = -r_{b1}^2\varphi - Rr_{b1}\varphi\cos(\theta_t - \varphi) = 0$$

即

$$r_{b1} + R\cos(\theta_t - \varphi) = 0 \qquad （2\text{-}46）$$

式（2-45）为θ_t，α，φ的一个关系式。α为压力角，是给定的一个数值，从而可以解出相应的θ_t、h关系式。故得包络面的方程，也就是齿条齿面方程如下：

$$\begin{cases} x_2 = r_{b1}(\sin(\theta_t - \varphi) - \varphi\cos(\theta_t - \varphi)) - R_\varphi \\ y_2 = r_{b1}(\cos(\theta_t - \varphi) + \varphi\sin(\theta_t - \varphi)) - R \\ z_2 = h \\ r_{b1} + R\cos(\theta_t - \varphi) = 0 \end{cases} \quad （2-47）$$

将 x_2 乘 φ，移项得

$$r_{b1}\varphi\sin(\theta_t - \varphi) = \varphi x_2 + r_{b1}\varphi^2\cos(\theta_t - \varphi) + R_\varphi\varphi \quad （2-48）$$

将式（2-50）代入式（2-49）求出 y_2，化简得

$$y_2 = \varphi x_2 + r_{b1}\cos(\theta_t - \varphi)(1 + \varphi^2) + R_\varphi(\varphi - 1) \quad （2-49）$$

由式（2-47）得

$$\cos(\theta_t - \varphi) = -r_{b1} / R \quad （2-50）$$

将式（2-50）代入式（2-49）得

$$y_2 = \varphi x_2 - \frac{r_{b1}^2}{R}(1 + \varphi^2) + R_\varphi(\varphi - 1) \quad （2-51）$$

故齿条齿面方程如下：

$$\begin{cases} y_2 = \varphi x_2 - \dfrac{r_{b1}^2}{R}(1 + \varphi^2) + R_\varphi(\varphi - 1) \\ z_2 = h \\ r_{b1} + R\cos(\theta_t - \varphi) = 0 \end{cases} \quad （2-52）$$

式（2-52）为包络面在距离齿宽中间截面任意值 h 的径向截面内渐开线齿廓的齿条齿廓方程。随着参数的 h 变化，式（2-52）即为渐开线弧齿圆柱齿轮的齿条齿廓方程。

2.5.1.3 齿条齿廓形状分析

在齿条齿面方程（2-52）中，当给定 φ 和 h 的值时，齿条的齿廓为一条线段，沿齿轮的径向截面截齿条，齿条的截面齿廓为直线。

当 $y_2 = 0$ 的时候，齿条齿面方程变为齿条齿面与齿条分度面相交的曲线方程。根据齿条齿面方程（2-47）有

$$0 = r_{b1}\cos(\theta_t - \varphi) + r_{b1}\varphi\sin(\theta_t - \varphi) - R \quad (2\text{-}53)$$

经过等式变换得

$$\cos(\theta_t - \varphi) = \frac{R}{r_{b1}} - \varphi\sin(\theta_t - \varphi) \quad (2\text{-}54)$$

式（2-53）等号两边分别乘$\cos(\theta_t - \varphi)$得到

$$0 = r_{b1}\cos^2(\theta_t - \varphi) + r_{b1}\varphi\sin(\theta_t - \varphi)\cos(\theta_t - \varphi) - R\cos(\theta_t - \varphi) \quad (2\text{-}55)$$

齿条齿面方程（2-47）中的x_2的表达式等号两边分别乘$\sin(\theta_t - \varphi)$得

$$x_2\sin(\theta_t - \varphi) = r_{b1}\sin^2(\theta_t - \varphi) - r_{b1}\varphi\cos(\theta_t - \varphi)\sin(\theta_t - \varphi) - R_\varphi\sin(\theta_t - \varphi) \quad (2\text{-}56)$$

将式（2-55）与式（2-56）相加得

$$x_2\sin(\theta_t - \varphi) = r_{b1} - R\cos(\theta_t - \varphi) - R_\varphi\sin(\theta_t - \varphi) \quad (2\text{-}57)$$

将式（2-54）代入式（2-57），经过等式变形得

$$\varphi = \frac{x_2}{R} - \frac{r_{b1}}{R\sin(\theta_t - \varphi)} + \frac{R}{r_{b1}\sin(\theta_t - \varphi)} + \varphi \quad (2\text{-}58)$$

根据式（2-7）有

$$(r_{b1}\theta_t + \sqrt{R_t^2 - h^2} - R_t)/r_{b1} = \frac{x_2}{R} - \frac{r_{b1}}{R\sin(\theta_t - \varphi)} + \frac{R}{r_{b1}\sin(\theta_t - \varphi)} + \varphi \quad (2\text{-}59)$$

又因为$r_{b1} = R\cos\alpha$，α为齿条的压力角，所以有

$$\sqrt{R_t^2 - h^2} = x_2\cos\alpha + \frac{R - r_{b1}\cos\alpha}{\sin(\theta_t - \varphi)} + r_{b1}\varphi + R_t - r_{b1}\theta_t \quad (2\text{-}60)$$

将式（2-60）等号两边平方并移项得

$$\frac{\left(x_2 + \frac{R - r_{b1}\cos\alpha}{\cos\alpha\sin(\theta_t - \varphi)} + \frac{r_{b1}\varphi}{\cos\alpha} + \frac{R_t}{\cos\alpha} - \frac{r_{b1}\theta_t}{\cos\alpha}\right)^2}{\left(\frac{R_t}{\cos\alpha}\right)^2} + \frac{h^2}{R_t^2} = 1 \quad (2\text{-}61)$$

其中，h 代表 z 轴的参数变换。式（2-61）表示齿条齿面与齿条节平面的交线在 $x_2 O_2 z_2$ 坐标平面内为椭圆形。椭圆形的长轴半径为 $R_t / \cos\alpha$，短轴的半径为 R_t，α 为齿轮的标准压力角。

2.5.2 齿根过渡曲线的数学模型

通过理论计算和试验验证得出以下结论。（1）用齿轮型刀具加工的齿轮，弯曲疲劳强度最高；用齿条型刀具加工的齿轮，弯曲疲劳强度次之；齿根过渡曲线本身即为圆弧者，弯曲疲劳强度最低 [61]。（2）对于延伸渐开线的等距曲线、延伸外摆线的等距曲线，齿顶整圆弧刀具相比于齿顶双圆弧刀具更能提高齿轮轮齿的弯曲疲劳强度 [62]。虽然齿根过渡曲线有多种形式，但是最常见的是延伸渐开线的等距曲线，因此，下面采用齿轮顶部为圆角的齿条型刀具来研究齿轮的过渡曲面。

齿条型刀具加工渐开线齿轮时，齿条节线沿被切齿轮分度圆相对纯滚动。这等同于分度圆位置固定转动，齿条节线绕它移动，在齿条刃线包络出渐开线齿廓的同时，其顶部圆弧切出齿廓与齿根圆之间的过渡曲线。沿任意径向方向截渐开线弧齿圆柱齿轮，如图 2-11 所示，以被切渐开线弧齿圆柱齿轮分度圆的圆心为坐标原点 O，y 轴垂直向上，x 轴水平向右，建立固定在机架上的坐标系 $S(x, y, z)$。在初始位置，固定在齿轮上的坐标系 $S_1(x_1, y_1, z_1)$ 与坐标系 $S(x, y, z)$ 重合，齿条型刀具的节线与齿轮分度圆相切于 P 点，齿条型刀具的齿厚中线与 y 轴重合，齿条节线与 y 轴垂直。被加工齿轮 1 的分度圆半径为 R。以 P 点为坐标原点，以齿条节线为 x_2 轴，方向水平向右，y_2 轴垂直向上，建立固定在齿条上的坐标系 $S_2(x_2, y_2, z_2)$。

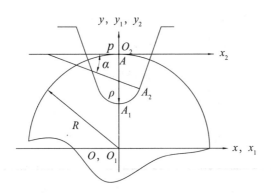

图 2-11　齿条型刀具展成过渡曲线初始位置

采用范成法加工，由齿条刀具的齿顶圆角生成的齿轮的齿根过渡曲线为延伸渐开线的等距曲线。如图 2-12 所示，设齿条型刀具的齿顶圆角的圆心为 A，半径为 ρ，压力角为 α，齿条型刀具的工作齿廓与齿顶圆角的分界点为 A_2，则刀具在该点的齿廓法线为 AA_2，AA_2 与齿条的节线之间的夹角为压力角 α，刀具齿顶圆角的顶点为 A_1。

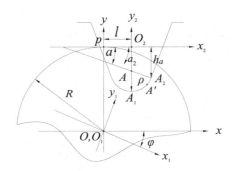

图 2-12　齿条型刀具展成过渡曲线移动后

当齿条型刀具向右移动距离 l，被加工齿轮转过 φ 角度，此时 A' 为啮合点，则过点 A' 的齿廓法线 $A'A$ 必须通过啮合节点 P，$A'A$ 与齿条节线的夹角为 α_2。齿顶圆弧上的点 A' 在坐标系 $S_2(x_2, y_2, z_2)$ 中的坐标为

$$\begin{cases} x_2 = \rho \cos \alpha_2 \\ y_2 = -h_a + \rho(\sin \alpha - \sin \alpha_2) \\ z_2 = h \end{cases} \qquad (2-62)$$

其中，h_a为工作齿廓齿顶高。

刀具向右移动的距离l可以表示为

$$l = (h_a - \rho \sin \alpha) \cot \alpha_2 \tag{2-63}$$

即

$$l = O_2 A \cot \alpha_2 = (h_a - \rho \sin \alpha) \cot \alpha_2 \tag{2-64}$$

根据啮合的性质，齿条向右移动的距离等于齿轮分度圆转过的弧长，故啮合方程为

$$R\varphi = (h_a - \rho \sin \alpha) \cot \alpha_2 \tag{2-65}$$

联立式（2-62）和式（2-65）即可求得啮合点的坐标点。再利用坐标系$S(x_2, y_2, z_2)$到坐标系$S(x_1, y_1, z_1)$的变换公式：

$$M_{12} = \begin{bmatrix} \cos\varphi & -\sin\varphi & -R\sin\varphi + R\varphi\cos\varphi \\ \sin\varphi & \cos\varphi & R\cos\varphi + R\varphi\sin\varphi \\ 0 & 0 & 1 \end{bmatrix} \tag{2-66}$$

将啮合点变换到坐标系$S(x_1, y_1, z_1)$中，即可得过渡曲面方程：

$$\begin{cases} x_1 = (x_2 + R\varphi)\cos\varphi - (y_2 + R)\sin\varphi \\ y_1 = (x_2 + R\varphi)\sin\varphi + (y_2 + R)\cos\varphi \\ z_1 = h \end{cases} \tag{2-67}$$

2.6　本章小结

渐开线弧齿圆柱齿轮的几何模型通常由4个部分组成：齿顶曲线、工作齿廓、齿廓过渡曲线和齿轮底部曲线。齿顶曲线和齿轮底部曲线在通常情况下都是一段圆弧曲线，形状较为简单。本章重点对齿廓曲线、共轭齿廓曲线和过渡曲线进行研究。

渐开线弧齿圆柱齿轮的轮齿的空间形态非常复杂。进行空间建模时，不可能由径向截面上的平面齿形经空间平移、旋转、比例放大而生成一个空间轮齿模型。根据渐开线直齿圆柱齿面、渐开线斜齿圆柱齿面

的生成原理，采用类似方法，发生面绕着基圆柱滚动，其上一段弦线平行于轴线的圆弧所运动的轨迹即为渐开线弧齿圆柱齿轮的齿面。然后根据啮合运动分析及齿面法线法，求出共轭齿面方程，并运用数学软件绘制出齿面及共轭齿面。

　　齿轮工作时，齿间接触区域承受强烈的冲击应力，特别是齿根部分，产生很大的交变应力，研究该部位应力分布状况对于判定整个齿轮机构的强度有重大意义。求出齿根过渡曲面是分析齿根部位的应力状况以及齿轮强度的基础和重要手段。根据齿根过渡曲线的成形机理和齿根过渡曲线的类型，为了便于和前人研究成果形成对比，采用圆弧齿顶的齿条型刀具范成加工渐开线弧齿圆柱齿轮，渐开线弧齿圆柱齿轮旋转运动，求出齿面在坐标系中的曲面族的方程，再根据齿条齿廓与刀具齿轮齿廓互相包络的原理，求出齿条齿廓曲面的参数方程。

第 3 章

渐开线弧齿圆柱齿轮的啮合特性

3.1　引言

在齿轮实际传动过程中，啮合性能的好坏将直接影响齿轮传动的使用性能。齿轮传动中，两共轭曲面组成的啮合往往直接决定了传动的效率、承载能力和精度等。共轭啮合副啮合性能的优劣可以通过分析其啮合特性进行评价。分析影响齿轮啮合性能的因素，提高啮合性能、传动质量及延长齿轮使用寿命是齿轮传动研究的重要内容。

3.2　啮合条件方程

3.2.1　相对运动速度

当一对齿轮啮合传动时，由于两齿廓在啮合点的线速度不同，在齿廓间必将产生相对滑动。因为啮合的齿廓间存在相对滑动，所以在齿轮传动的过程中，在正压力的作用下，两轮的齿廓必将受到磨损。相对滑动速度的大小是随着啮合点的位置不同而改变的，因此齿廓上各部分受到的磨损也不一样，且齿廓间相对滑动速度愈大，对齿廓的磨损也愈严重。经过大量的调查和统计，其中 60% ～ 70% 的机械零件损坏都是由工作面过度磨损而导致的，所以有必要研究齿廓间的相对滑动速度。[63]

齿轮 1 与齿轮 2 啮合转动。齿轮 1、2 的中心距为 e，其圆心为 O_1、O_2。齿轮 1 与齿轮 2 由初始位置分别转动 β_1 和 β_2。建立如图 2-2 所示的坐标系，过渐开线弧齿圆柱齿轮 1 和齿轮 2 的任意接触点 M，M 在坐标系 $S(x,y,z)$ 中的坐标为 (x,y,h)，径向截齿轮 1 和齿轮 2，其截面如图 3-1 所示。设齿轮 2 固定在机架上的初始位置坐标系为 $S_2'(x_2',y_2',z_2')$。

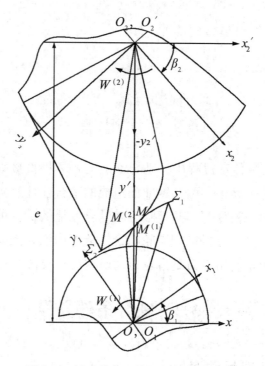

图 3-1　过啮合点 M 的任意径向截面

齿轮 1 与齿轮 2 啮合过程中，齿轮 1、齿轮 2 的角速度分别为 $W^{(1)}$ 和 $W^{(2)}$，其数值大小分别为 $w^{(1)}$、$w^{(2)}$。在啮合过程中，齿轮 1 的齿面 Σ_1 和齿轮 2 的齿面 Σ_2 在任意瞬时都是相切接触的。因此，两个齿面 Σ_1 和 Σ_2 在点 M 将具有一条公法线。点 $M^{(1)}$ 和点 $M^{(2)}$ 分别是渐开线弧齿圆柱齿轮 1 和 2 的齿面 Σ_1 和 Σ_2 在 M 点处的两个对应点，点 $M^{(1)}$ 和点 $M^{(2)}$ 重合便构成 Σ_1 和 Σ_2 的接触点 M。$M^{(1)}$、$M^{(2)}$ 两点相对速度 $v^{(12)}$（或 $v^{(21)}$）位于点 M，并且在与 Σ_1 和 Σ_2 都相切的平面上。

齿轮 1 上点 $M^{(1)}$ 在坐标系 $S_1(x_1, y_1, z_1)$ 中的角速度 $W_1^{(1)}$ 可表示为

$$W_1^{(1)} = \begin{bmatrix} 0 & 0 & -w^{(1)} \end{bmatrix}^{\mathrm{T}} \tag{3-1}$$

齿轮 2 上点 $M^{(2)}$ 在坐标系 $S_1(x_1, y_1, z_1)$ 中的角速度 $W_1^{(2)}$ 可表示为

$$W_1^{(2)} = \begin{bmatrix} 0 & 0 & w^{(2)} \end{bmatrix}^{\mathrm{T}} \tag{3-2}$$

设 M 点在坐标系 $S_1(x_1,y_1,z_1)$ 中的坐标为 (x_1,y_1,h)，向量 $\overrightarrow{O_1M}=\boldsymbol{r}_1$，则有

$$\boldsymbol{r}_1=\begin{bmatrix} x_1 & y_1 & h \end{bmatrix} \tag{3-3}$$

那么，$M^{(1)}$ 在坐标系 $S_1(x_1,y_1,z_1)$ 中的速度 $V_1^{(1)}$ 方程表示为

$$\begin{aligned}
V_1^{(1)} &= \boldsymbol{W}_1^{(1)}\times\overrightarrow{O_1M}=\boldsymbol{W}_1^{(1)}\times\boldsymbol{r}_1 \\
&=\begin{vmatrix} i & j & k \\ 0 & 0 & -w^{(1)} \\ x_1 & y_1 & h \end{vmatrix} \\
&= y_1w^{(1)}i-x_1w^{(1)}j
\end{aligned} \tag{3-4}$$

O_2 在坐标系 $S_1(x_1,y_1,z_1)$ 中的坐标为 $(e\sin\beta_1,e\cos\beta_1,0)$。

根据图 3-1，可得出

$$\overrightarrow{O_1O_2}+\overrightarrow{O_2M}=\overrightarrow{O_1M} \tag{3-5}$$

所以有

$$\begin{aligned}
\overrightarrow{O_2M} &= \overrightarrow{O_1M}-\overrightarrow{O_1O_2} \\
&=(x_1i \quad y_1j \quad hk)-(e\sin\beta_1i \quad e\cos\beta_1j \quad 0) \\
&=((x_1-e\sin\beta_1)i \quad (y_1-e\cos\beta_1)j \quad hk)
\end{aligned} \tag{3-6}$$

齿轮 2 上点 $M^{(2)}$ 在坐标系 $S_1(x_1,y_1,z_1)$ 速度 $V_1^{(2)}$ 方程表示为

$$\begin{aligned}
V_1^{(2)} &= \boldsymbol{W}_1^{(2)}\times\overrightarrow{O_2M} \\
&=\begin{vmatrix} i & j & k \\ 0 & 0 & w^{(2)} \\ x_1-e\sin\beta_1 & y_1-e\cos\beta_1 & h \end{vmatrix} \\
&=(e\cos\beta_1-y_1)w^{(2)}i+(x_1-e\sin\beta_1)w^{(2)}j
\end{aligned} \tag{3-7}$$

则两齿轮上的 $M^{(1)}$、$M^{(2)}$ 在接触点 M 的相对速度 $V_1^{(1,2)}$ 为

$$\begin{aligned}
V_1^{(1,2)} &= \boldsymbol{W}_1^{(1)}\times\overrightarrow{O_1M}-\boldsymbol{W}_1^{(2)}\times\overrightarrow{O_2M} \\
&=\left[(w^{(1)}+w^{(2)})y_1-e\cos\beta_1w^{(2)}\right]i+\left[e\sin\beta_1w^{(2)}-(w^{(1)}+w^{(2)})x_1\right]j
\end{aligned} \tag{3-8}$$

3.2.2 齿面法线矢量

齿面方程（2-11）中θ_t和h为曲面两个参变量。齿面上任意一点$M(x_1,y_1,z_1)$处的法线矢量N为

$$N = \frac{\partial r_1}{\partial \theta_t} \times \frac{\partial r_1}{\partial h}$$ （3-9）

其中，有

$$\begin{cases} \dfrac{\partial r_1}{\partial \theta_t} = \dfrac{\partial x_1}{\partial \theta_t} i + \dfrac{\partial y_1}{\partial \theta_t} j + \dfrac{\partial z_1}{\partial \theta_t} k \\[2ex] \dfrac{\partial r_1}{\partial h} = \dfrac{\partial x_1}{\partial h} i + \dfrac{\partial y_1}{\partial h} j + \dfrac{\partial z_1}{\partial h} k \end{cases}$$ （3-10）

$\dfrac{\partial r_1}{\partial \theta_t}$及$\dfrac{\partial r_1}{\partial h}$的几何意义分别为齿面上的$\theta_t$参数曲线及$h$参数曲线在$M(x_1,y_1,z_1)$点的切线。令

$$N_1 = N_{x_1} i + N_{y_1} j + N_{y_1} k$$ （3-11）

根据矢量运算法则，由以上两式得到

$$N_{x_1} = \begin{vmatrix} \dfrac{\partial y_1}{\partial \theta_t} & \dfrac{\partial z_1}{\partial \theta_t} \\[2ex] \dfrac{\partial y_1}{\partial h} & \dfrac{\partial z_1}{\partial h} \end{vmatrix}$$ （3-12）

$$N_{y_1} = \begin{vmatrix} \dfrac{\partial z_1}{\partial \theta_t} & \dfrac{\partial x_1}{\partial \theta_t} \\[2ex] \dfrac{\partial z_1}{\partial h} & \dfrac{\partial x_1}{\partial h} \end{vmatrix} = - \begin{vmatrix} \dfrac{\partial x_1}{\partial \theta_t} & \dfrac{\partial z_1}{\partial \theta_t} \\[2ex] \dfrac{\partial x_1}{\partial h} & \dfrac{\partial z_1}{\partial h} \end{vmatrix}$$ （3-13）

$$N_{z_1} = \begin{vmatrix} \dfrac{\partial x_1}{\partial \theta_t} & \dfrac{\partial y_1}{\partial \theta_t} \\[2ex] \dfrac{\partial x_1}{\partial h} & \dfrac{\partial y_1}{\partial h} \end{vmatrix}$$ （3-14）

根据齿轮1的渐开线齿面在坐标系$S_1(x_1,y_1,z_1)$中的方程表达式（2-11），又根据$\varphi = \left(r_{b1}\theta_t + \sqrt{R_t^2 - h^2} - R_t \right)/r_{b1}$，则得到

$$\frac{\partial \varphi}{\partial \theta_t} = 1 \qquad (3\text{-}15)$$

$$\frac{\partial \varphi}{\partial h} = -\frac{h}{r_{b1}\sqrt{R_t^2 - h^2}} \qquad (3\text{-}16)$$

渐开线齿面方程中 x_1，y_1，z_1 对参数 θ_t 求偏导数得到

$$\frac{\partial x_1}{\partial \theta_t} = r_{b1}\left(\cos\theta_t - \cos\theta_t + \varphi\sin\theta_t\right) = r_{b1}\varphi\sin\theta_t \qquad (3\text{-}17)$$

$$\frac{\partial y_1}{\partial \theta_t} = r_{b1}\left(-\sin\theta_t + \sin\theta_t + \varphi\cos\theta_t\right) = r_{b1}\varphi\cos\theta_t \qquad (3\text{-}18)$$

$$\frac{\partial z_1}{\partial \theta_t} = 0 \qquad (3\text{-}19)$$

渐开线齿面方程中 x_1，y_1，z_1 对参数 h 求偏导数得到

$$\frac{\partial x_1}{\partial h} = \frac{h}{\sqrt{R_t^2 - h^2}}\cos\theta_t \qquad (3\text{-}20)$$

$$\frac{\partial y_1}{\partial h} = \frac{-h}{\sqrt{R_t^2 - h^2}}\sin\theta_t \qquad (3\text{-}21)$$

$$\frac{\partial z_1}{\partial h} = 1 \qquad (3\text{-}22)$$

因此，有

$$N_{x_1} = \begin{vmatrix} \dfrac{\partial y_1}{\partial \theta_t} & \dfrac{\partial z_1}{\partial \theta_t} \\[2mm] \dfrac{\partial y_1}{\partial h} & \dfrac{\partial z_1}{\partial h} \end{vmatrix} = r_{b1}\varphi\cos\theta_t \qquad (3\text{-}23)$$

$$N_{y_1} = \begin{vmatrix} \dfrac{\partial z_1}{\partial \theta_t} & \dfrac{\partial x_1}{\partial \theta_t} \\[2mm] \dfrac{\partial z_1}{\partial h} & \dfrac{\partial x_1}{\partial h} \end{vmatrix} = -\begin{vmatrix} \dfrac{\partial x_1}{\partial \theta_t} & \dfrac{\partial z_1}{\partial \theta_t} \\[2mm] \dfrac{\partial x_1}{\partial h} & \dfrac{\partial z_1}{\partial h} \end{vmatrix} = -r_{b1}\varphi\sin\theta_t \qquad (3\text{-}24)$$

$$N_{z_1} = \begin{vmatrix} \dfrac{\partial x_1}{\partial \theta_t} & \dfrac{\partial y_1}{\partial \theta_t} \\[2mm] \dfrac{\partial x_1}{\partial h} & \dfrac{\partial y_1}{\partial h} \end{vmatrix} = -\dfrac{r_{b1}\varphi h}{\sqrt{R_t^2 - h^2}} \qquad （3\text{--}25）$$

3.2.3 啮合条件方程

齿面在切点处的相对速度 $v^{(12)}$ 必然和公法线 N 垂直。因为只有这样才能保证两个齿面能连续地滑动接触，既不会脱开，也不会相互干涉。因此，点 $M^{(1)}$ 对 $M^{(2)}$ 的相对速度是齿面 Σ_1 相对于齿面 Σ_2 在切触点 M 处的滑动速度。因此，相对速度 $v^{(12)}$ 在接触点 M 处必须满足下面的条件式：

$$v^{(12)} \cdot N = 0 \qquad （3\text{--}26）$$

式（3–26）被称为啮合方程。

最后，将 $v^{(12)}$、N 的表达式代入啮合方程得

$$\begin{aligned} &\left[\left(w^{(1)} + w^{(2)} \right) y_1 - e\cos\beta_1 w^{(2)} \right] \cdot r_{b1}\varphi\cos\theta_t + \\ &\left[e\sin\beta_1 w^{(2)} - \left(w^{(1)} + w^{(2)} \right) x_1 \right] \cdot \left(-r_{b1}\varphi\sin\theta_t \right) = 0 \end{aligned} \qquad （3\text{--}27）$$

化简得

$$r_{b1}\varphi\left(w^{(1)} + w^{(2)} \right)\left(y_1\cos\theta_t + x_1\sin\theta_t \right) - ew^{(2)}r_{b1}\varphi\cos\left(\theta_t - \beta_1 \right) = 0 \qquad （3\text{--}28）$$

3.3　齿轮的接触线模型

轮齿的齿线是弧线，根据转动方向不同，有两种啮合过程：轮齿两端端面先进入啮合状态，然后由两端向中间逐渐啮合；轮齿的中间先啮合，然后由中间向两端逐渐进入啮合状态。在两种啮合过程中，接触线都是由短变长，再由长变短，最后从动齿轮齿根的某一点分离。因此，轮齿的载荷是逐渐增加和逐渐减少。设计渐开线弧齿圆柱齿轮时，由于各种参数的选取问题，接触线总长往往是变化的，这就引起啮合过程中接触线上载荷的变化，从而引起齿轮在运转中产生振动和噪声。因此，计算渐开线弧齿圆柱齿轮接触线长度，分析其变化规律，进而实现参数

化调整，对提高渐开线弧齿圆柱齿轮传动的平稳性、承载能力以及减振降噪具有重要意义。

3.3.1 齿轮的接触线方程

设齿轮 1 和齿轮 2 的传动比为 $i_{1,2}$，则有

$$i_{1,2} = \frac{w^{(1)}}{w^{(2)}} \tag{3-29}$$

则啮合方程可变为

$$(1 + i_{1,2})(y_1 \cos\theta_t + x_1 \sin\theta_t) - e\cos(\theta_t - \beta_1) = 0 \tag{3-30}$$

将齿面方程（2-11）中的 x_1，y_1 代入式（3-30），啮合方程变为

$$(1 + i_{1,2})r_{b1} - e\cos(\theta_t - \beta_1) = 0 \tag{3-31}$$

经过变换得到

$$\theta_t = \arccos\left(\frac{(1 + i_{1,2})r_{b1}}{e}\right) + \beta_1 \tag{3-32}$$

令

$$\theta_t^{'} = \theta_t = \arccos\left(\frac{(1 + i_{1,2})r_{b1}}{e}\right) + \beta_1 \tag{3-33}$$

齿轮 1 齿面上的接触线既满足啮合方程，又必须在齿面上，因此，齿面方程与啮合条件方程的公共解为接触线方程。将式（3-33）中 $\theta_t^{'}$ 的值代入齿面方程（2-11），得到齿轮 1 旋转 β_1 时的接触线方程：

$$\begin{cases} x_1 = r_{b1}\left[\sin\theta_t^{'} - \varphi\cos\theta_t^{'}\right] \\ y_1 = r_{b1}\left[\cos\theta_t^{'} + \varphi\sin\theta_t^{'}\right] \\ z_1 = h \end{cases} \tag{3-34}$$

如果旋转角 $\theta_t^{'}$ 确定，那么接触线方程就只含一个参数 h，接触线可以用弧段 C 表示：

$$C : r(h) = (x(h), y(h), z(h)) \tag{3-35}$$

其中，$h \in [-B/2, B/2]$。弧段C对参数h求偏导得

$$r^{'}(h) = \left(\frac{h}{\sqrt{R_t^2 - h^2}} \cos\theta_t^{'}, \frac{-h}{\sqrt{R_t^2 - h^2}} \sin\theta_t^{'}, 1 \right) \neq 0 \qquad (3-36)$$

所以，接触线为正则曲线。

设接触线长度为$L(C)$，则有

$$L(C) = \int_{-B/2}^{B/2} \left| r^{'}(h) \right| \mathrm{d}h \qquad (3-37)$$

因为

$$\left| r^{'}(h) \right| = \sqrt{\left(\frac{h}{\sqrt{R_t^2 - h^2}} \cos\theta_t^{'} \right)^2 + \left(\frac{-h}{\sqrt{R_t^2 - h^2}} \sin\theta_t^{'} \right)^2 + 1} = \frac{R_t}{\sqrt{R_t^2 - h^2}} \qquad (3-38)$$

所以

$$
\begin{aligned}
L(C) &= \int_{-B/2}^{B/2} \left| r^{'}(h) \right| \mathrm{d}h = \int_{-B/2}^{B/2} \frac{R_t}{\sqrt{R_t^2 - h^2}} \mathrm{d}h \\
&= \int_{-B/2}^{B/2} \frac{1}{\sqrt{1 - \left(\dfrac{h}{R_t} \right)^2}} \mathrm{d}h = R_t \arcsin\left(\frac{h}{R_t} \right) \Big|_{-B/2R_t}^{B/2R_t} \\
&= 2R_t \arcsin\left(B/2R_t \right)
\end{aligned}
\qquad (3-39)
$$

根据发生面上的几何关系，有

$$\angle DO_tG = \arcsin\left(B/2R_t \right) \qquad (3-40)$$

所以上面求得的接触线的长度$L(C) = 2R_t \arcsin\left(B/2R_t \right)$即为发生面上圆弧线的长度，亦即发生面与齿面的交线的长度。

3.3.2 齿轮的接触线性质

当$R_t \to +\infty$时，渐开线弧齿圆柱齿轮变为渐开直齿圆柱齿轮。此时接触线长度为

$$\lim_{R_t \to +\infty} L(C) = \lim_{R_t \to +\infty} 2R_t \arcsin\left(B/2R_t \right) = B \qquad (3-41)$$

此时，接触线长度正好为渐开线直齿圆柱齿轮的齿宽长度，而且接触线沿齿宽方向同时进入啮合，同时退出啮合。

令 $u = B / 2R_t$，则有

$$u \in (0,1] \tag{3-42}$$

$$F_1(u) = \arcsin u \tag{3-43}$$

$$F_2(u) = \frac{u}{\sqrt{1-u^2}} \tag{3-44}$$

当 $R_t \to +\infty$，即 $u \to 0$ 时，有

$$F_1(u) = F_2(u) = 0 \tag{3-45}$$

$F_1(u)$，$F_2(u)$ 对参数 u 求导数得

$$\frac{\partial F_1(u)}{\partial u} = \frac{1}{\sqrt{1-u^2}} > 0 \tag{3-46}$$

$$\frac{\partial F_2(u)}{\partial u} = \frac{1}{\sqrt{1-u^2}} + \frac{u^2}{\left(\sqrt{1-u^2}\right)^3} > 0 \tag{3-47}$$

则有

$$\frac{\partial F_2(u)}{\partial u} > \frac{\partial F_1(u)}{\partial u} > 0 \tag{3-48}$$

根据积分性质，当 $u \in (0,1]$ 时，有

$$\int_0^u \frac{1}{\sqrt{1-u^2}}\,\mathrm{d}u < \int_0^u \left(\frac{1}{\sqrt{1-u^2}} + \frac{u^2}{\left(\sqrt{1-u^2}\right)^3} \right)\mathrm{d}u \tag{3-49}$$

即

$$\arcsin u < \frac{u}{\sqrt{1-u^2}} \tag{3-50}$$

所以，当 $u \in (0,1]$ 时，有

$$\frac{B \arcsin u}{u^2} < \frac{B}{u\sqrt{1-u^2}} \tag{3-51}$$

又

$$\frac{\partial L(c)}{\partial u} = \frac{\partial (B \arcsin u / u)}{\partial u} = \frac{B}{u\sqrt{1-u^2}} - \frac{B \arcsin u}{u^2} > 0 \qquad （3-52）$$

所以当 $u \in (0,1]$，有

$$\frac{\partial L(u)}{\partial u} > 0 \qquad （3-53）$$

接触线 $L(C)$ 在 $u \in (0,1]$ 单调递增。当 $u \to 0$ 时，接触线 $L(C)$ 取最小值 B；当 $u = 1$ 时，即 $R_t = B / 2$ 时，接触线 $L(C)$ 取最大值 $(B\pi)/2$。

3.3.3 齿轮的接触线仿真

根据接触线方程（3-34）绘出的接触线，接触线的局部放大图如图 3-2 所示。啮合平面与齿面的交线也为 CGD，由此可知两者完全重合。

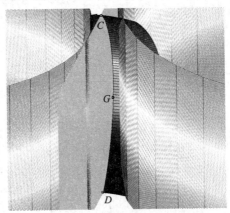

图 3-2　接触线、齿面与啮合平面的交线

3.3.4 接触线在齿条形状分析中的应用

渐开线弧齿圆柱齿轮与齿条啮合任意径向截面如图 3-3 所示。齿轮以角速度 W 绕其轴线旋转，而齿条以速度 R_w 作直线移动，R 为齿轮的分度圆半径，基圆半径为 r_b，齿轮齿廓 $\gamma - \gamma$ 与齿轮相固连[64]。齿轮的瞬心线是它的分度圆，齿条的瞬心线是与此圆相切的直线 $a\,a'$，啮合节点 P 为它们的切点。

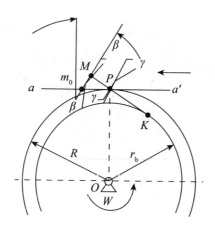

图 3-3　齿轮齿条啮合图

根据啮合的基本定理，共轭齿廓接触点的法线应当通过啮合节点；渐开线弧齿圆柱齿轮的齿廓的法线是基圆的切线。故过啮合节点（P）的齿轮齿廓($\gamma-\gamma$)的法线只能是直线 PK。由于齿条沿直线移动，故以 PK 为法线的齿条齿廓只能是直线 $\beta\beta$，并与 PK 垂直。因此，包络齿轮齿廓的齿条齿廓即齿形角为 α 的直线，并且满足下式：

$$\alpha = \arccos\left(\frac{r_b}{R}\right) \tag{3-54}$$

齿轮和齿条的啮合线（即两齿廓接触点在固定平面上的轨迹）是直线 MPK，此线过啮合节点 P 并和齿轮基圆相切。此外，齿条和齿轮齿廓的接触点（即动点 M）的位置可由公式（3-55）确定：

$$MM_0 = M_0 P \sin\alpha = R\varphi\sin\alpha \tag{3-55}$$

其中，φ 代表齿轮的转角。当 φ 为 0 时，两齿廓接触点与啮合节点 P 相互重合。

根据渐开线弧齿圆柱齿轮的接触线性质，齿条与齿轮的接触点在啮合面内是一段圆弧，如图 3-4 所示。

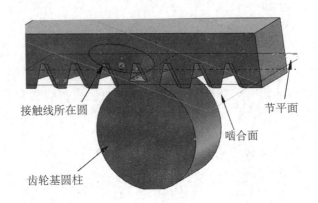

图 3-4　齿轮齿条啮合图

因为齿条的齿廓为直线，所以齿条的刃面在垂直于啮合面的圆柱面上。齿条的截平面与啮合面之间存在压力角 α，故齿条刀刃在啮合平面上形成的轨迹线为一段椭圆弧，如图 3-5 所示。

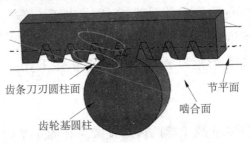

图 3-5　齿条的椭圆齿线

3.4　重合度

齿轮的重合度即重叠系数，它是指一对共轭齿面从开始进入啮合到最终脱离啮合为止，齿轮分度圆转过的弧长与其周节之比[65]。在一对齿轮啮合的过程中，一颗主动轮齿的转动只能推动从动齿轮转过一定的角度，如果啮合齿轮需要连续转动，则在前一对轮齿尚未脱离啮合之前，后一组轮齿必须及时地进入啮合。重合度是衡量齿轮副的传动连续性、平稳性、传递载荷均匀性的重要度量指标，同时，重叠系数是处于啮合的轮齿之间载荷分配的重要准则[66]。重合度对齿轮传动噪声、齿

根弯曲强度、齿面接触强度、齿面胶合等有重要影响。[66,67]

3.4.1 径向截面的重合度

沿着宽度方向将弧形齿轮分割成宽度为无穷小的齿轮，则每个齿轮可以近似看成渐开线直齿圆柱齿轮。由于渐开线弧齿圆柱齿轮的端面形状为渐开线齿廓，因此其端面重合度可以按渐开线直齿圆柱齿轮计算，被称为端面重合度 ε_α。渐开线弧齿圆柱齿轮任意径向截面如图 3-6 所示，轮齿两侧的齿廓均为渐开线，周节角对应于周节 P_c 的圆心角 θ_N。[66]

θ_N 可以表示为

$$\theta_{Ni} = \frac{P_c}{r_i} = \frac{2p_c P}{z_i} = \frac{2\pi}{z_i} \qquad (i=1,2) \tag{3-56}$$

其中，z_i 表示第 i 个齿轮的齿数；r_i 表示节圆半径。

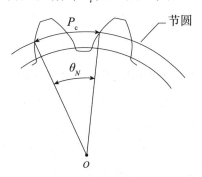

图 3-6　周节角

图 3-7 展示了渐开线弧齿圆柱齿轮任意径向截面以及齿廓 $\beta - \beta$ 和 $\gamma - \gamma$ 在三个不同位置时的情况。

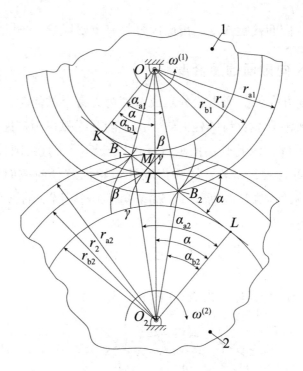

图 3-7　渐开线弧齿圆柱齿轮啮合的任意径向截面

齿轮 1 为主动轮，齿轮 2 为从动轮。当两轮的一对轮齿开始啮合时，主动轮的齿根推动从动轮的齿顶，因此开始时，啮合点是从动轮的齿顶圆与啮合线 N_1N_2 的交点 B_2。随着啮合传动的进行，轮齿啮合点沿着 N_1N_2 移动。主动轮轮齿上的啮合点逐渐向齿顶部移动，而从动轮轮齿上的啮合点向齿根部移动。当啮合传动进行到主动轮的齿顶圆与啮合线 N_1N_2 的交点 B_1 时，两轮齿脱离接触，故 B_1 为轮齿接触的终止点，点 M 是两齿廓的流动切触点。

从一对轮齿的啮合过程看，啮合点实际走过的轨迹只是啮合线 N_1N_2 上的一段 B_1B_2，故将 B_1B_2 称为实际啮合线，将 N_1N_2 称为理论啮合线。齿轮连续传动的必要条件：后一对轮齿在前一对轮齿退出啮合前必须进入啮合。因此，必须使 $B_1B_2 \geqslant P_b$，即要求实际啮合线段 B_1B_2 大于或等于齿轮的基节 P_b。

现在考察一对齿廓从啮合开始到啮合终止的一个啮合循环内配对

齿轮的转角。显然，对于这样的循环，小齿轮与大齿轮的转角分别是 $\angle B_1 O_1 B_2$ 和 $\angle B_1 O_2 B_2$。相邻两齿廓的切触是一个连续的过程，只要满足：

$$\angle B_1 O_1 B_2 \geqslant \frac{2\pi}{z_1} \qquad \angle B_1 O_2 B_2 \geqslant \frac{2\pi}{z_2} \qquad （3-57）$$

重合系数表示为

$$\varepsilon_\alpha = \frac{\angle B_1 O_i B_2}{\theta_{zi}} \qquad (i=1,2) \qquad （3-58）$$

重合系数的另一表示法基于下列方程：

$$\varepsilon_\alpha = \frac{l}{P_b} = \frac{l}{p_c \cos a_c} = \frac{Pl}{\pi \cos a_c} \qquad （3-59）$$

其中，$l = \overline{B_1 B_2}$ 是啮合线工作部分的长度——齿轮循环内接触点沿啮合线的位移；P_b 是相邻两齿廓沿其公法线方向的距离。

根据图 3-7 中的图形，得到

$$\overline{KB_2} + \overline{B_1 L} = \overline{KL} + l \qquad （3-60）$$

因此，有

$$l = \overline{KB_2} + \overline{B_1 L} - \overline{KL} = (r_{a1}^2 - r_{b1}^2)^{1/2} + (r_{a2}^2 - r_{b2}^2)^{1/2} - E \sin \alpha \qquad （3-61）$$

或

$$l = r_{b1} \tan a_{a1} + r_{b2} \tan a_{a2} - (r_{b1} + r_{b1}) \tan a \qquad （3-62）$$

其中，r_{ai}、r_{bi} 分别表示第 i 个齿轮的齿顶半径、基圆半径。

这样得到另外两个表达式：

$$\varepsilon_\alpha = P \frac{(r_{a1}^2 - r_{b1}^2)^{1/2} + (r_{a2}^2 - r_{b2}^2)^{1/2} - E \sin \alpha}{\pi \cos \alpha_c} \qquad （3-63）$$

和

$$\varepsilon_\alpha = \frac{N_1(\tan a_{a1} - \tan \alpha) + N_2(\tan a_{a2} - \tan a)}{2\pi} \qquad （3-64）$$

其中，有

$$\cos a_{ai} = \frac{r_{bi}}{r_{ai}} = \frac{N_i \cos a_c}{2P r_{ai}} \qquad (i=1,2) \qquad （3-65）$$

3.4.2 齿轮的轴向重合度

对于渐开线直齿圆柱齿轮传动，其啮合过程沿节圆展开如图 3-8（a）所示。轮齿在 A_2A_2 进入啮合时，是沿整个齿宽方向接触，在 A_1A_1 脱离啮合时，也是沿整个齿宽方向脱离接触，因此，直齿圆柱齿轮传动的重合度 L/P_b，L 表示啮合长度，P_b 为端面上的法向齿距[68]。

对于渐开线弧齿圆柱齿轮传动，其啮合过程沿节圆展开如图 3-8（b）所示。轮齿也是在 A_2A_2 进入啮合，此时 A_2A_2 是一段圆弧线。它不是沿整个齿宽方向同时进入啮合，而是中间先进入啮合，然后轮齿的两端再进入啮合，在 A_1A_1 脱离啮合时，也是轮齿的中间先退出啮合，两端再退出啮合。直到该轮齿旋转至虚线位置时，这对轮齿才完全脱离接触。这样，渐开线弧齿圆柱齿轮传动的实际啮合区就比渐开线直齿圆柱齿轮传动增加了 ΔL。因此，弧齿圆柱齿轮传动的重合度比直齿圆柱齿轮传动大。

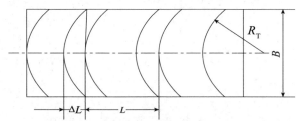

图 3-8　渐开线弧齿圆柱齿轮的重合度计算

ΔL 所对应的齿轮圆周角即在图 3-8 中弧齿所对应的周节角，即 G 点到弦线 CD 的距离所对应的圆周角 θ_n。

$$\theta_n = \left(R_t - \sqrt{R_t^2 - (B/2)^2}\right)/r_{bi} \qquad (i=1,2) \qquad (3\text{-}66)$$

设其增加的那部分重合度为 ε_β，由于 ε_β 与弧齿圆柱齿轮的轴向宽度以及圆弧齿线半径有关，这部分重合度也被称为轴向重合度，则 ε_β 可以表示如下：

$$\varepsilon_\beta = \frac{\Delta L}{p_{bi}} = \frac{\left(R_t - \sqrt{R_t^2 - (B/2)^2}\right)\cos\alpha_i}{p_{bi}}$$

$$= \frac{\left(R_t - \sqrt{R_t^2 - (B/2)^2}\right)}{\pi m_c} \quad (i = 1,2) \tag{3-67}$$

其中，α_i 为齿轮 1、2 端面标准压力角；m_c 为轴向模数。

3.4.3　弧齿圆柱齿轮的重合度

渐开线弧齿圆柱齿轮的重合度 ε_γ 可以确定为端面重合度 ε_α 与轴向重合度 ε_β 之和，即

$$\varepsilon_\gamma = \varepsilon_\alpha + \varepsilon_\beta \tag{3-68}$$

将式（3-59）和式（3-67）代入式（3-68），渐开线弧齿圆柱齿轮的重合度 ε_γ 可表示如下：

$$\varepsilon_\gamma = \frac{Pl}{\pi\cos a_c} + \frac{\left(R_t - \sqrt{R_t^2 - (B/2)^2}\right)}{\pi m_c} \tag{3-69}$$

3.5　诱导法曲率

诱导法曲率对齿轮传动的润滑条件、接触强度和接触区的大小都有重要影响，是评价一对共轭曲面啮合性能的重要指标之一，其数值大小可以为评价所设计的新型共轭啮合副、选择优化设计参数和探索新型高性能共轭啮合副等提供理论依据。对渐开线弧齿圆柱齿轮共轭啮合副的诱导法曲率等进行研究，对于提高其传动装置的传动性能具有重要的理论意义和实际应用价值。

设两个做线接触啮合传动的共轭齿面在接触点处相切。在该点处沿任意切线方向，两齿面的法曲率之差，被称为沿该方向的诱导法曲率。诱导法曲率表明了在接触点处沿指定的切线方向两共轭齿面的贴近程度。如果规定两齿面接触点处的公法线矢量的方向由齿面的实体指向空区域，则其诱导法曲率必须为负值，才不会发生曲率干涉，两齿面才能

正常啮合，反之若为正值，则会发生曲率干涉，两齿面不能正常啮合。它对两共轭齿面间油膜的承载能力、齿面间接触应力、传动效率及使用寿命等都有很大的影响。

3.5.1 齿面幺法矢

将式（3-23）、式（3-24）和式（3-25）平方之后求和得

$$N_{x_1}^2 + N_{y_1}^2 + N_{z_1}^2 = (r_{b1}\varphi\cos\theta_t)^2 + (-r_{b1}\varphi\sin\theta_t)^2 + \left(-\frac{r_{b1}\varphi h}{\sqrt{R_t^2 - h^2}}\right)^2 \quad (3-70)$$

$$= \frac{r_{b1}^2\varphi^2 R_t^2}{R_t^2 - h^2}$$

所以有

$$|N_1| = \frac{r_{b1}\varphi R_t}{\sqrt{R_t^2 - h^2}} \quad (3-71)$$

于是得到齿轮1的凸齿面与共轭齿轮的凹齿面相啮合时计算点 M 处的幺法矢：

$$n_1 = \frac{N_1}{|N_1|} = |N_1| = \frac{\sqrt{R_t^2 - h^2}\cos\theta_t}{R_t}i - \frac{\sqrt{R_t^2 - h^2}\sin\theta_t}{R_t}j - \frac{h}{R_t}k \quad (3-72)$$

3.5.2 第一基本变量与第二基本变量

第一基本变量与第二基本变量的计算结果如下：

$$E = \left(\frac{\partial r_1}{\partial\theta_t}\right)^2 = \left(\frac{\partial x_1}{\partial\theta_t}\right)^2 + \left(\frac{\partial y_1}{\partial\theta_t}\right)^2 + \left(\frac{\partial z_1}{\partial\theta_t}\right)^2 = r_{b1}^2\varphi^2 \quad (3-73)$$

$$F = \left(\frac{\partial r_1}{\partial\theta_t}\right) \cdot \left(\frac{\partial r_1}{\partial h}\right) = 0 \quad (3-74)$$

$$G = \left(\frac{\partial r_1}{\partial h}\right)^2 = \frac{h^2}{R_t^2 - h^2} + 1 = \frac{R_t^2}{R_t^2 - h^2} \quad (3-75)$$

$$L = -\left(\frac{\partial n_1}{\partial \theta_t}\right) \cdot \left(\frac{\partial r_1}{\partial \theta_t}\right)$$

$$= -\left((r_{b1}\cos\theta_t - r_{b1}\varphi\sin\theta_t)i - (r_{b1}\sin\theta_t + r_{b1}\varphi\cos\theta_t)j - \frac{r_{b1}h}{\sqrt{R_t^2 - h^2}}k\right) \cdot$$

$$(r_{b1}\varphi\sin\theta_t i + r_{b1}\varphi\cos\theta_t j) \tag{3-76}$$

$$= -\left(-r_{b1}^2\varphi^2\sin^2\theta_t + r_{b1}^2\varphi\sin\theta_t\cos\theta_t - r_{b1}^2\varphi\sin\theta_t\cos\theta_t - r_{b1}^2\varphi^2\cos^2\theta_t\right)$$

$$= r_{b1}^2\varphi^2$$

$$M = -\left(\frac{\partial n_1}{\partial \theta_t}\right) \cdot \left(\frac{\partial r_1}{\partial h}\right)$$

$$= -\left(\begin{array}{l}(r_{b1}\cos\theta_t - r_{b1}\varphi\sin\theta_t)i - \\ (r_{b1}\sin\theta_t + r_{b1}\varphi\cos\theta_t)j - \frac{r_{b1}h}{\sqrt{R_t^2 - h^2}}k\end{array}\right) \cdot$$

$$\left(\frac{h}{\sqrt{R_t^2 - h^2}}\cos\theta_t i - \frac{h}{\sqrt{R_t^2 - h^2}}\sin\theta_t j + k\right) \tag{3-77}$$

$$= -\left(\begin{array}{l}\dfrac{r_{b1}h\cos^2\theta_t}{\sqrt{R_t^2 - h^2}} - \dfrac{r_{b1}\varphi h\sin\theta_t\cos\theta_t}{\sqrt{R_t^2 - h^2}} + \\ \dfrac{r_{b1}h\sin^2\theta_t}{\sqrt{R_t^2 - h^2}} + \dfrac{r_{b1}\varphi h\sin\theta_t\cos\theta_t}{\sqrt{R_t^2 - h^2}} - \dfrac{r_{b1}h}{\sqrt{R_t^2 - h^2}}\end{array}\right)$$

$$= 0$$

$$N = -\left(\frac{\partial n_1}{\partial h}\right) \cdot \left(\frac{\partial r_1}{\partial h}\right) = n_1 \cdot \left(\frac{\partial^2 r_1}{\partial h^2}\right)$$

$$= -\left(r_{b1}\varphi\cos\theta_t i - r_{b1}\varphi\sin\theta_t j - \frac{r_{b1}\varphi h}{\sqrt{R_t^2 - h^2}}k\right) \cdot$$

$$\left(\frac{R_t^2\cos\theta_t}{\left(\sqrt{R_t^2 - h^2}\right)^3}i - \frac{R_t^2\sin\theta_t}{\left(\sqrt{R_t^2 - h^2}\right)^3}j\right) \tag{3-78}$$

$$= \frac{R_t^2\cos\theta_t}{\left(\sqrt{R_t^2 - h^2}\right)^3}$$

3.5.3 主曲率和主方向

定义线性变换矩阵 W，W 满足下式：

$$\begin{cases} W\dfrac{\partial r^1}{\partial \theta_t} = -\dfrac{\partial N_1}{\partial \theta_t} \\[3mm] W\dfrac{\partial r^1}{\partial h} = -\dfrac{\partial N_1}{\partial h} \end{cases} \qquad (3\text{--}79)$$

此变换为 Weingarten 变换，r_1 为齿面上的任意点到坐标原点 O_1 的向量。

设 $\varGamma = \eta_1 \dfrac{\partial r_1}{\partial \theta_t} + \eta_2 \dfrac{\partial r_1}{\partial h}$ 是 W 的属于特征值 λ 的特征向量，当且仅当

$$\lambda\begin{bmatrix} E & F \\ F & G \end{bmatrix} - \begin{bmatrix} L & M \\ M & N \end{bmatrix}\begin{bmatrix} \eta_1 \\ \eta_2 \end{bmatrix} = 0 \qquad (3\text{--}80)$$

并且满足

$$K_n(\varGamma) = \lambda \qquad (3\text{--}81)$$

所以 W 的特征根 λ 为方程

$$\begin{vmatrix} \lambda E - L & \lambda F - M \\ \lambda F - M & \lambda G - N \end{vmatrix} = 0 \qquad (3\text{--}82)$$

的解，即

$$\begin{vmatrix} \lambda r_{b1}^2 \varphi^2 - r_{b1}^2 \varphi^2 & 0 \\[3mm] 0 & \lambda\dfrac{R_t^2}{R_t^2 - h^2} - \dfrac{R_t^2 r_{b1}\varphi}{\left(\sqrt{R_t^2 - h^2}\right)^3} \end{vmatrix} = 0 \qquad (3\text{--}83)$$

得

$$\begin{cases} \lambda_1 = 1 \\[3mm] \lambda_2 = \dfrac{r_{b1}\varphi}{\sqrt{R_t^2 - h^2}} \end{cases} \qquad (3\text{--}84)$$

Weingarten 变换的特征值和特征方向，分别是齿面曲面的主曲率和主方向，设曲面的主曲率分别为 K_1^1、K_2^1，其对应的单位特征向量为 e_1^1、e_2^1。

即有

$$
\begin{cases}
K_1^{\mathrm{I}} = 1 \\
K_2^{\mathrm{I}} = \dfrac{r_{b1}\varphi}{\sqrt{R_t^2 - h^2}}
\end{cases}
\tag{3-85}
$$

非零向量 $\boldsymbol{\Gamma} = \eta_1 \dfrac{\boldsymbol{r}_1}{\theta_t} + \eta_2 \dfrac{\boldsymbol{r}_1}{h}$ 为 Weingarten 矩阵的某个特征值的特征向量，当且仅当 (η_1, η_2) 为方程（3-86）的解。

$$
\begin{vmatrix}
E\eta_1 + F\eta_2 & L\eta_1 + M\eta_2 \\
F\eta_1 + G\eta_2 & M\eta_1 + N\eta_2
\end{vmatrix} = 0
\tag{3-86}
$$

即

$$
\begin{vmatrix}
r_{b1}^2 \varphi^2 \eta_1 & r_{b1}^2 \varphi^2 \eta_1 \\
\dfrac{R_t^2}{R_t^2 - h^2}\eta_2 & \dfrac{R_t^2 r_{b1} \varphi}{\left(\sqrt{R_t^2 - h^2}\right)^3}\eta_2
\end{vmatrix} = 0
\tag{3-87}
$$

化简得

$$
\left(\dfrac{r_{b1}\varphi}{\sqrt{R_t^2 - h^2}} - 1 \right) \eta_1 \eta_2 = 0
\tag{3-88}
$$

得到 $\eta_1 = 0$ 或 $\eta_2 = 0$。当 $\eta_1 = 0$ 时，$\eta_2 \neq 0$；当 $\eta_2 = 0$ 时，$\eta_1 \neq 0$。

当 $\eta_2 = 0$ 时，有

$$
\boldsymbol{\Gamma} = \eta_1 \left(r_{b1}\varphi \sin\theta_t \boldsymbol{i} + r_{b1}\varphi \cos\theta_t \boldsymbol{j} \right)
\tag{3-89}
$$

当 $\eta_1 = 0$ 时，有

$$
\boldsymbol{\Gamma} = \eta_2 \left(\dfrac{h}{\sqrt{R_t^2 - h^2}} \cos\theta_t \boldsymbol{i} - \dfrac{h}{\sqrt{R_t^2 - h^2}} \sin\theta_t \boldsymbol{j} + \boldsymbol{k} \right)
\tag{3-90}
$$

经过单位化，则有

$$
\begin{cases}
\boldsymbol{e}_1^{\mathrm{I}} = \sin\theta_t \boldsymbol{i} + \cos\theta_t \boldsymbol{j} \\
\boldsymbol{e}_2^{\mathrm{I}} = \dfrac{h}{R_t} \cos\theta_t \boldsymbol{i} - \dfrac{h}{R_t} \sin\theta_t \boldsymbol{j} + \dfrac{\sqrt{R_t^2 - h^2}}{R_t} \boldsymbol{k}
\end{cases}
\tag{3-91}
$$

由 $e_1^{\mathrm{I}} \cdot e_2^{\mathrm{I}} = 0$ 知，e_1^{I} 与 e_2^{I} 相互垂直。

3.5.4 相对速度与相对角速度

由式（3-1）、式（3-2）得齿轮 1 和齿轮 2 在坐标系 $S_1(x_1, y_1, z_1)$ 中的相对角速度表达式为

$$W_1^{(1,2)} = W_1^{(1)} - W_1^{(2)} = \begin{bmatrix} 0 & 0 & -w^{(2)} - w^{(1)} \end{bmatrix}^{\mathrm{T}} \tag{3-92}$$

由两齿轮上的 $M^{(1)}$、$M^{(2)}$ 在接触点 M 的相对速度 $V_1^{(1,2)}$ 的表达式（3-8）得其模长为

$$\left| V_1^{(1,2)} \right| = \sqrt{\left[\left(w^{(1)} + w^{(2)} \right) y_1 - e \cos \beta_1 w^{(2)} \right]^2 + \left[e \sin \beta_1 w^{(2)} - \left(w^{(1)} + w^{(2)} \right) x_1 \right]^2} \tag{3-93}$$

e_1^{I}、e_2^{I} 和 $V^{(1,2)}$ 都在齿轮 1 齿面上 M 点的切平面上。设 e_1^{I} 到相对运动速度 $V^{(1,2)}$ 方向的有向角为 φ_V，$0 \leqslant \varphi_V \leqslant \dfrac{\pi}{2}$，$V^{(1,2)}$ 在 e_1^{I} 与 e_2^{I} 的直角之间，那么 e_2^{I} 与 $V^{(1,2)}$ 之间的夹角为 $\dfrac{\pi}{2} - \varphi_V$。

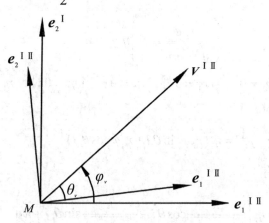

图 3-9　几个方向之间的角度关系

因为

$$e_1^{\mathrm{I}} \cdot V_1^{(1,2)} = \left| e_1^{\mathrm{I}} \right| \left| V_1^{(1,2)} \right| \cos \varphi_V \tag{3-94}$$

又有

$$e_1^{\mathrm{I}} \cdot V_1^{(1,2)} = \left(\sin\theta_t \boldsymbol{i} + \cos\theta_t \boldsymbol{j}\right) \cdot$$

$$\left[\left(\left(w^{(1)} + w^{(2)}\right)y_1 - e\cos\beta_1 w^{(2)}\right)\boldsymbol{i} + \left(e\sin\beta_1 w^{(2)} - \left(w^{(1)} + w^{(2)}\right)x_1\right)\boldsymbol{j}\right] \quad (3\text{-}95)$$

$$= r_{b1}\varphi\left(w^{(1)} + w^{(2)}\right) - ew^{(2)}\sin\left(\theta_t - \beta_1\right)$$

所以就有

$$\cos\varphi_V = \frac{e_1^{\mathrm{I}} \cdot V_1^{(1,2)}}{\left|e_1^{\mathrm{I}}\right|\left|V_1^{(1,2)}\right|}$$

$$= \frac{r_{b1}\varphi\left(w^{(1)} + w^{(2)}\right) - ew^{(2)}\sin\left(\theta_t - \beta_1\right)}{\sqrt{\left[\left(w^{(1)} + w^{(2)}\right)y_1 - e\cos\beta_1 w^{(2)}\right]^2 + \left[e\sin\beta_1 w^{(2)} - \left(w^{(1)} + w^{(2)}\right)x_1\right]^2}} \geqslant 0 \quad (3\text{-}96)$$

则有

$$r_{b1}\varphi\left(w^{(1)} + w^{(2)}\right) - ew^{(2)}\sin\left(\theta_t - \beta_1\right) \geqslant 0 \quad (3\text{-}97)$$

设向量 $\boldsymbol{\zeta} = e_1^{\mathrm{I}} \times V_1^{(1,2)}$。

$$\boldsymbol{\zeta} = e_1^{\mathrm{I}} \times V_1^{(1,2)}$$

$$= \left\{\begin{matrix} \boldsymbol{i} & \boldsymbol{j} & \boldsymbol{k} \\ \sin\theta_t & \cos\theta_t & 0 \\ \left(w^{(1)} + w^{(2)}\right)y_1 - e\cos\beta_1 w^{(2)} & e\sin\beta_1 w^{(2)} - \left(w^{(1)} + w^{(2)}\right)x_1 & 0 \end{matrix}\right\} \quad (3\text{-}98)$$

$$= \left(ew^{(2)}\cos\left(\theta_t - \beta_1\right) - r_{b1}\left(w^{(1)} + w^{(2)}\right)\right)\boldsymbol{k}$$

那么 $\boldsymbol{\zeta}$ 的模长

$$|\boldsymbol{\zeta}| = \left|e_1^{\mathrm{I}}\right|\left|V_1^{(1,2)}\right|\sin\varphi_V = \left|ew^{(2)}\cos\left(\theta_t - \beta_1\right) - r_{b1}\left(w^{(1)} + w^{(2)}\right)\right| \quad (3\text{-}99)$$

则有

$$\sin\varphi_V = \frac{|\boldsymbol{\zeta}|}{\left|e_1^{\mathrm{I}}\right|\left|V_1^{(1,2)}\right|} = \frac{|\boldsymbol{\zeta}|}{\left|V_1^{(1,2)}\right|}$$

$$= \frac{\left|ew^{(2)}\cos\left(\theta_t - \beta_1\right) - r_{b1}\left(w^{(1)} + w^{(2)}\right)\right|}{\sqrt{\left[\left(w^{(1)} + w^{(2)}\right)y_1 - e\cos\beta_1 w^{(2)}\right]^2 + \left[e\sin\beta_1 w^{(2)} - \left(w^{(1)} + w^{(2)}\right)x_1\right]^2}} \quad (3\text{-}100)$$

又有

$$\sin\varphi_V = \cos\left(\frac{\pi}{2} - \theta_V\right) = \frac{e_2^{\mathrm{I}} \cdot V_1^{(1,2)}}{\left|e_2^{\mathrm{I}}\right|\left|V_1^{(1,2)}\right|} \quad （3-101）$$

3.5.5 矢量P与矢量q

矢量P和q是计算诱导法曲率之前必须求得的两个矢量。[69]

P的表达式为

$$\boldsymbol{P} = \boldsymbol{w}^{(1,2)} \times \boldsymbol{n}_1 + \left|V_1^{(1,2)}\right|\left(k_1^{\mathrm{I}}\cos\varphi_V \boldsymbol{e}_1^{\mathrm{I}} + k_2^{\mathrm{I}}\sin\varphi_V \boldsymbol{e}_2^{\mathrm{I}}\right) \quad （3-102）$$

又有

$$\boldsymbol{w}^{(1,2)} \times \boldsymbol{n}_1 = \begin{vmatrix} \boldsymbol{i} & \boldsymbol{j} & \boldsymbol{k} \\ 0 & 0 & -\left(w^{(1)}+w^{(2)}\right) \\ r_{b1}\varphi\cos\theta_t & -r_{b1}\varphi\sin\theta_t & -\dfrac{r_{b1}\varphi h}{\sqrt{R_t^2-h^2}} \end{vmatrix} \quad （3-103）$$

$$= -r_{b1}\varphi\left(w^{(1)}+w^{(2)}\right)\left(\sin\theta_t \boldsymbol{i} + \cos\theta_t \boldsymbol{j}\right)$$

q的表达式为

$$\boldsymbol{q} = \boldsymbol{w}^{(1,2)} \times (w^{(1)} \times r^{(1)}) - w^{(1)} \times \boldsymbol{v}^{(1,2)} \quad （3-104）$$

$$w^{(1)} \times \boldsymbol{v}^{(1,2)}$$

$$= \begin{vmatrix} \boldsymbol{i} & \boldsymbol{j} & \boldsymbol{k} \\ 0 & 0 & -w^{(1)} \\ y_1(w^{(1)}+w^{(2)})-e\cos\beta_1 w^{(2)} & e\sin\beta_1 w^{(2)}-x_1(w^{(1)}+w^{(2)}) & 0 \end{vmatrix} \quad （3-105）$$

$$= w^{(1)}(e\sin\beta_1 w^{(2)}-x_1(w^{(1)}+w^{(2)}))\boldsymbol{i}$$

$$w^{(1)} \times r^{(1)} = \begin{vmatrix} \boldsymbol{i} & \boldsymbol{j} & \boldsymbol{k} \\ 0 & 0 & -w^{(1)} \\ r_{b1}(\sin\theta_t-\varphi\cos\theta_t) & r_{b1}(\cos\theta_t+\varphi\sin\theta_t) & h \end{vmatrix} \quad （3-106）$$

$$= r_{b1}w^{(1)}(\cos\theta_t+\varphi\sin\theta_t)\boldsymbol{i} - r_{b1}w^{(1)}(\sin\theta_t-\varphi\cos\theta_t)\boldsymbol{j}$$

$$w^{(1,2)} \times (w^{(1)} \times r^{(1)}) =$$

$$\begin{vmatrix} \boldsymbol{i} & \boldsymbol{j} & \boldsymbol{k} \\ 0 & 0 & -(w^{(1)} + w^{(2)}) \\ r_{b1}w^{(1)}(\cos\theta_t + \varphi\sin\theta_t) & -r_{b1}w^{(1)}(\sin\theta_t - \varphi\cos\theta_t) & 0 \end{vmatrix} \quad （3-107）$$

$$= -r_{b1}(w^{(1)} + w^{(2)})w^{(1)}(\sin\theta_t - \varphi\cos\theta_t)\boldsymbol{i} -$$

$$r_{b1}(w^{(1)} + w^{(2)})w^{(1)}(\cos\theta_t + \varphi\sin\theta_t)\boldsymbol{j}$$

$$\begin{aligned} \boldsymbol{q} &= \boldsymbol{w}^{(1,2)} \times (\boldsymbol{w}^{(1)} \times \boldsymbol{r}^{(1)}) - \boldsymbol{w}^{(1)} \times \boldsymbol{v}^{(1,2)} \\ &= r_{b1}(w^{(1)} + w^{(2)})w^{(1)}(\sin\theta_t - \varphi\cos\theta_t)\boldsymbol{i} - \\ & \quad r_{b1}(w^{(1)} + w^{(2)})w^{(1)}(\cos\theta_t + \psi\sin\theta_t)\boldsymbol{j} - \\ & \quad w^{(1)}(e\sin\beta_1 w^{(2)} - x_1(w^{(1)} + w^{(2)}))\boldsymbol{i} \\ &= -w^{(1)}w^{(2)}e\sin\beta_1 i - r_{b1}(w^{(1)} + w^{(2)})w^{(1)}(\cos\theta_t + \varphi\sin\theta_t)\boldsymbol{j} \end{aligned} \quad （3-108）$$

由

$$\frac{\mathrm{d}_1 \boldsymbol{r}^{\mathrm{I}}}{\mathrm{d}t} \cdot \boldsymbol{p} = n \cdot \boldsymbol{q} \quad （3-109）$$

得

$$\mathrm{d}_1 \boldsymbol{r}^{\mathrm{I}} \cdot \boldsymbol{p} = (n \cdot \boldsymbol{q})\mathrm{d}t \quad （3-110）$$

在有关沿齿面运动的公式中，取 dt=0，即 d$_1 r^{\mathrm{I}}$ 取在接触线方向的特征，令上式的 dt=0，则有

$$\mathrm{d}_1 \boldsymbol{r}^{\mathrm{I}} \cdot \boldsymbol{p} = (n \cdot \boldsymbol{q})\mathrm{d}t = 0 \quad （3-111）$$

矢量 $\boldsymbol{P}$ 与接触线方向垂直。

3.5.6 接触线垂直方向诱导法曲率

$$k_v^{(1,2)} = \frac{(\boldsymbol{v}^{(1,2)} \cdot \boldsymbol{p})^2}{(\boldsymbol{N}_1 \cdot \boldsymbol{q} + \boldsymbol{v}^{(1,2)} \cdot \boldsymbol{p})(\boldsymbol{v}^{(1,2)})^2} \quad （3-112）$$

$$\begin{aligned} \boldsymbol{n} \cdot \boldsymbol{q} &= (r_{b1}\varphi\cos\theta_t \boldsymbol{i} - r_{b1}\varphi\sin\theta_t \boldsymbol{j} - \frac{r_{b1}\varphi h}{\sqrt{R_t^2 - h^2}}k) \cdot \\ & \quad (-w^{(1)}w^{(2)}e\sin\beta_1 \boldsymbol{i} - r_{b1}(w^{(1)} + w^{(2)})w^{(1)}(\cos\theta_t + \varphi\sin\theta_t)\boldsymbol{j}) \\ &= -r_{b1}\varphi e w^{(1)}w^{(2)}\sin\beta_1\cos\theta_t + \\ & \quad r_{b1}^2 \varphi(w^{(1)} + w^{(2)})w^{(1)}\sin\theta_t(\cos\theta_t + \varphi\sin\theta_t) \end{aligned} \quad （3-113）$$

$$
\begin{aligned}
\boldsymbol{v}^{(1,2)} \cdot \boldsymbol{p} = & \left(\left[\left(w^{(1)}+w^{(2)}\right)y_1 - e\cos\beta_1 w^{(2)}\right]\boldsymbol{i} + \right.\\
& \left[e\sin\beta_1 w^{(2)} - \left(w^{(1)}+w^{(2)}\right)x_1\right]\boldsymbol{j}\right) \cdot \\
& (-w^{(1)}w^{(2)}e\sin\beta_1\boldsymbol{i} - r_{b1}(w^{(1)}+w^{(2)})w^{(1)}(\cos\theta_t+\varphi\sin\theta_t)\boldsymbol{j}) \\
= & -r_{b1}\varphi(w^{(1)}+w^{(2)})(r_{b1}\varphi(w^{(1)}+w^{(2)}) - \\
& ew^{(2)}\cos(\theta_t-\beta_1)) + (r_{b1}\varphi(w^{(1)}+w^{(2)}) - \\
& ew^{(2)}\sin(\theta_t-\beta_1))^2 + \frac{r_{b1}h\varphi}{R_t\sqrt{R_t^2-h^2}}(r_{b1}(w^{(1)}+w^{(2)}) - \\
& ew^{(2)}\cos(\theta_t-\beta_1))^2
\end{aligned}
\qquad (3\text{--}114)
$$

3.6　本章小结

在齿轮传动的实际应用中，啮合性能的好坏将直接影响传动装置的使用性能。齿轮传动中两共轭曲面组成的啮合往往直接决定了传动的效率、承载能力和精度等。因此，齿轮啮合特性研究是齿轮研究内容的重中之重。

（1）沿径向方向截一对啮合的渐开线弧齿圆柱齿轮，分析径向截面上的接触点之间的运动关系，求出两齿轮在任意截面的相对速度公式。根据两个齿面能够连续地滑动接触，得出齿面在切点处的相对速度必然和公法线垂直，这样求出啮合条件方程。

（2）齿轮齿面上的接触线既满足啮合方程，又必须在齿面上，满足齿面方程。齿面方程与啮合条件方程的共同解即为接触线方程。采用积分的方法，求出接触线的长度，并对其性质进行分析。通过啮合条件方程与齿面方程可以求出接触线方程。接触线形状为发生面上圆弧线。当$R_t \to +\infty$时，渐开线弧齿圆柱齿轮变为渐开直齿圆柱齿轮。此时接触线长度等于齿宽B，接触线最短。当$R_t = B/2$时，此时渐开线弧齿圆柱齿轮的接触线最长，接触线长度$L(C) = (B\pi)/2$。

（3）齿轮的重合度是指一对共轭齿面从开始进入啮合到最终脱离啮合为止，齿轮分度圆转过的弧长与其周节之比。重合度是衡量齿轮副的传动连续性、平稳性和传递载荷均匀性的重要度量指标。重合度对齿轮传动噪声、齿根弯曲强度、齿面接触强度和齿面胶合等有重要影响。首先求出任意径向截面的重合度，在此基础上求出渐开线弧齿圆柱齿轮的重合度，得到渐开线弧齿圆柱齿轮的重合度的计算公式，并与渐开线斜齿圆柱齿轮的重合度进行比较。

（4）诱导法曲率对齿轮传动的润滑条件、接触强度和接触区的大小都有重要影响，是评价一对共轭曲面啮合性能的重要指标之一。计算诱导法曲率时，第一，求出齿面的幺法矢，第二，求出第一基本变量与第二基本变量，第三，求出主曲率和主方向，第四，求出相对速度与相对角速度，第五，求出矢量P与矢量q，第六，求出接触线垂直方向诱导法曲率。

第4章

渐开线弧齿圆柱齿轮的
温度检测平台设计

4.1　引言

在齿轮设备运行过程中，滑动摩擦或滚动摩擦存在于各运动副的元件之间，造成齿轮传动功率损耗。而齿轮传动功率损耗又受到齿轮啮合特性参数的影响。齿轮传动损耗将机械能转化为热能，从而使设备的温度升高。润滑油能起到减小摩擦的作用，带走运动副的局部热量，降低齿面等部位的温度。润滑油从润滑部位回到油池，润滑油的热能通过邮箱壳体散发到空气中。在设备运行的开始阶段，齿轮产生的热量大于齿轮箱散发到空气中的热量，因此润滑油的温度越来越高。当齿轮新产生的热量等于散发到空气中的热量，即达到热平衡状态。如果达到热平衡时油温过高，那么润滑油的黏度就会降低，齿轮摩擦损耗加剧。润滑油温度进一步上升，会造成齿轮损坏，密封材料加速老化甚至烧毁，齿轮箱漏油。齿轮装置的温升测试基于以上热力过程。齿轮的温升测试是一项重要的指标测试。

齿轮温度包括齿面瞬时温度和齿轮本体温度。齿面瞬时温度不仅对齿轮胶合产生影响，甚至会导致齿面软化等严重后果。齿轮本体温度对齿轮的疲劳强度具有决定性影响。长期以来，测定齿轮本体温度和齿面瞬时温度是齿轮啮合特性研究的重要课题之一。

至今没有一个统一的关于齿轮本体温度的定义，这就导致测试齿轮本体温度的方法迥异，造成实验结果大相径庭。齿面瞬时温度是一个瞬时值，故测试起来也相当困难。[70] 在实际测试过程中，齿轮本体温度及齿面瞬时温度的测试都比较复杂。通常采用齿轮装置的温升测试来替代齿轮温度的测试。齿轮装置的温升测试具体指测试油液的温升或齿轮装置壳体的温升。

4.2　齿轮传动功率损失

齿轮的功率损失主要有齿轮啮合功率损失、齿轮搅油功率损失和轴承摩擦功率损失三种。齿轮箱的功率损失会引起润滑油和齿轮箱的温度上升。

4.2.1 齿轮啮合功率损失

齿轮啮合功率损失包括滑动摩擦损失和滚动摩擦损失。滑动摩擦损失取决于齿轮啮合循环中的接触位置，滚动摩擦损失取决于瞬态的滚动速度和瞬态的润滑油膜厚度。

John J. Coy 与 Townsend 提出了一种简化的啮合损失计算方法，使齿轮啮合功率损失的计算更快捷。[71]

滑动摩擦损失计算公式为

$$Q_s = C_1 f W_N V_s \qquad (4-1)$$

其中，$C_1 = 2 \times 10^3$；f 为滑动摩擦因数；W_N 为平均正载荷；V_s 为平均滑动速度。

平均正载荷 W_N 又可以用下面的公式表示：

$$W_N = \frac{T_1}{r_1 \cos \alpha} \qquad (4-2)$$

其中，r_1 为节圆半径；α 为压力角；T_1 为主动轮的扭矩。[72-74]

$$T_1 = 9\,549 P / n_1$$

其中，P 为传动功率（kW）；n_1 为齿轮的转速（r/min）。

滚动摩擦损失计算公式为

$$Q_r = C_2 h V_r B m_c \qquad (4-3)$$

其中，$C_2 = 9 \times 10^4$；h 为中心油膜厚度；V_r 为平均滚动速度；B 为齿宽；m_c 为重合度。

由此可知，齿轮啮合功率损失与齿轮的啮合特性有非常密切的关系。

4.2.2 齿轮搅油功率损失

由于箱体大小、外形尺寸、齿轮参数、运转速度及润滑油的量的不同，齿轮搅油损失很难有通用公式。本书选用经验公式[75-77]：

$$Q_2 = 347.5bhV^{1.5} \tag{4-4}$$

其中，V 为齿轮的节圆线速度；h 为齿轮的浸油高度；b 为齿轮宽度。

4.2.3 轴承摩擦功率损失

轴承摩擦引起的功率损失是齿轮传动装置的主要热源之一。

轴承的摩擦力矩直接影响着能量的损失，进而影响轴承运转过程中的温升。在工程计算中较为精确的公式是 Palmgren 公式：[78]

$$M = M_0 + M_1 \tag{4-5}$$

其中，M_0 为与轴承类型、转速和润滑油性质有关的力矩（N·mm）：

$$M_0 = \begin{cases} f_0 d_m^3 (vn)^{2/3} \times 10^{-7} & (vn \geqslant 2\ 000) \\ 160 f_0 d_m^3 \times 10^{-7} & (vn < 2\ 000) \end{cases} \tag{4-6}$$

其中，d_m 为轴承的平均直径（mm）；f_0 为与轴承类型和润滑方式有关的系数；v 为工作温度下的运动黏度(mm^2/s)；n 为轴承转速（r/min）。

M_1 可用以下表达式表示：

$$M_1 = f_1 F_1 d_m$$

其中，f_1 为与轴承类型和所受负荷有关的系数；F_1 为确定轴承摩擦力矩的计算负荷（N）。

在工程应用中可以假定功率损失全部转化为热能（W），轴承的摩擦热为[79]

$$Q_1 = \frac{(M_0 + M_1) \times n}{9\ 549} \tag{4-7}$$

4.3 试验台总体方案设计

4.3.1 试验台选型方案

目前，齿轮试验台主要有四种类型：功率流开放齿轮试验台、机械功率流封闭齿轮试验台、电功率流封闭齿轮试验台和 FZG 标准齿轮试验机。以上四种类型齿轮试验台各有优缺点及适用范围，选择适合的齿轮试验台台对齿轮性能测试具有关键作用。[58]

4.3.1.1 功率流开放齿轮试验台

电动机、齿轮装置、耗能负载装置三部件是功率流开放齿轮试验台的主要部件。在进行齿轮试验时，齿轮试验台的功率传递线路如下：功率首先从动力源（电动机）输出，然后经过齿轮装置中的传动件，最后被耗能负载装置消耗掉。功率的流向是开放的，无法回到动力源，或者不能封闭在齿轮装置内部。

实际上，功率流开放齿轮试验台是通过耗能负载装置产生的能量引发齿轮传动加载的，因此，耗能负载装置的性能对试验设备的性能及应用都有很大的影响，它是功率流开放齿轮试验台的关键部件。目前，耗能负载装置的种类主要有机械制动器、磁粉制动器、电磁涡流消功器、水力涡流消功器和液压加载器等。功率流开放齿轮试验台的组成如图4-1 所示。

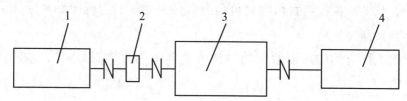

图 4-1　功率流开放齿轮试验台

1—电动机；2—测扭仪；3—试验齿轮箱；4—加载装置

功率流开放齿轮试验台具有下列优点。第一，结构简单，制造、安装方便。第二，配置灵活，试验台可进行不同中心距的齿轮试件或齿轮箱产品的试验。第三，加载方便，试验台能在没有载荷的条件下进行启动，并且能够在试验台运转过程中任意调整载荷的大小。功率流开放齿轮试验台的缺点主要是长时间运行时能量消耗大，因此试验台必须配备容量较大的电动机。功率流开放齿轮试验台的适用范围主要是中小载荷、短时间运转的齿轮试验，如齿轮噪声试验、齿轮效率试验和动载荷试验等。

4.3.1.2 机械功率流封闭齿轮试验台

机械功率流封闭齿轮试验台的工作原理如图 4-2 所示。图中是国产的一种通用机械杠杆加载功率流封闭齿轮试验台。

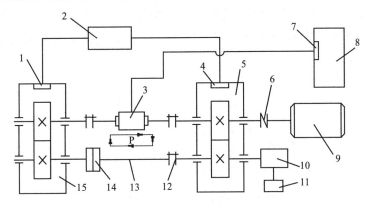

图 4-2　机械功率流封闭齿轮试验台

1，4—热电偶；2—油温显示器；3—转矩、转速传感器；5—陪试齿轮箱；
6—弹性联轴器；7—仪表；8—控制柜；9—电动机；10—减速器；
11—计数器；12—刚性联轴器；13—弹性扭力轴；14—加载器；
15—试验齿轮箱；P—封闭功率流向

机械功率流封闭齿轮试验台是一个由弹性扭力轴、陪试齿轮箱、加载器、刚性联轴器和试验齿轮箱等部件组成的能量封闭系统。弹性扭力轴在加载器的作用下产生弹性变形，弹性扭力轴的弹性变形能量被封闭在系统中，在该封闭系统中，弹性扭力轴从始至终都会对试验齿轮副施加载荷，改变弹性扭力轴的加载方向和电动机旋转方向，封闭功率流的方向、大小也随之改变，且对应四种不同的情况。在使用机械功率流封闭齿轮试验台时，应分清四种情况，试验数据的准确性在很大程度上受加载方向、旋转方向的影响。

机械功率流封闭齿轮试验台的优点是能耗小。其缺点是必须安装陪试齿轮箱；在试验过程中，有加载条件下不能调整载荷。机械功率流封闭齿轮试验台适用于需要长时间运转试验台的场合，如疲劳试验。

4.3.1.3 电功率流封闭齿轮试验台

电功率流封闭齿轮试验台在结构上与功率流开放齿轮试验台并无多大区别，关键在于加载方式的不同。电功率流封闭齿轮试验台不仅能实现加载功能，还能实现发电的功能。电功率流封闭齿轮试验台的电动机驱动传动装置工作，传动装置再驱动发电机工作，发电机产生的电流回到驱动端的电机或者输送到电网。这样，能量通过电路回路形成封闭系统，如图 4-3 所示。[80]

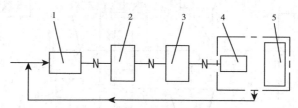

图 4-3　电功率流封闭齿轮试验台

1—电动机；2—试验箱；3—陪试箱；4—发电机；5—电气系统

电功率流封闭齿轮试验台在初期采用直流电动机，输入、加载、控制器等彼此独立，采用模块化设计。这种设计虽然结构简单，但是作为加载装置的发电机产生的电流，必须通过控制系统转化，才能输入电网，这样会对电网造成一定的影响，进而对试验台的电动机造成影响。目前，交流发电机模式正逐步取代直流电动机模式，平台的驱动和加载通过交流发电机的无级调速实现。因此，采用交流发电机模式不仅能简化试验台结构，更使试验台具有加载、调速方便等优点，缩短平台的生产周期。电功率流封闭齿轮试验台的缺点是为了达到发电的要求，必须提高陪试齿轮的转速。交流发电机模式下的电功率流封闭齿轮试验台服务对象为齿轮制造厂，适合于需要齿轮箱长时间运行的试验，如疲劳寿命试验、磨合试验及效率试验等。

4.3.1.4 FZG 标准齿轮试验机

FZG 标准齿轮试验机的封闭功率回路原理与机械功率流封闭齿轮试验台类似。当被测试齿轮在高负载条件下进行试验时，摩擦而导致的功率损失只需用驱动电机补偿[56]。FZG 齿轮试验机外形如图 4-4 所示。

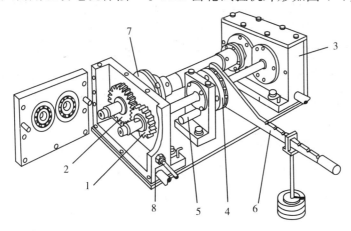

图 4-4　FZG 标准齿轮试验机

1—小试验齿轮；2—大试验齿轮；3—陪侍齿轮箱；4—加载器；
5—固定销轴；6—加载杠杆、砝码；7—监测装置；8—测温传感器

FZG 标准齿轮试验机是国内外最通用的一种试验机型，该试验台还包括喷油机组、控制系统等。适合进行多项实验，如点蚀、胶合、承载能力、润滑油摩擦及齿轮传动疲劳寿命等。陪试齿轮箱、试验齿轮是FZG 标准齿轮试验机的主要部件。陪试齿轮箱与试验齿轮箱中间用两根弹性轴连接起来，弹性轴上配置了一个加载器，加载器为法兰盘内力式，安装在试验齿轮箱内的加热器为试验油加热，温度传感器被安装在靠近小试验齿轮的箱体一侧。这样，在试验时可以按预选的温度很方便地控制加热器。

4.3.1.5 试验台方案选定

设计温度测试平台的目的是研究齿轮传动中的啮合特性以及各种功率的损失，研究不同条件下的齿轮箱的温升情况。齿轮箱的温升受各种因素影响：齿轮自身方面的因素有齿轮接触线、齿轮相对速度、重合度及诱导法曲率等；齿轮箱的因素有齿轮箱的散热面积、传热系数；润滑油的因素有黏度、润滑油的导热系数等；其他因素有环境温度、负载等。齿轮箱的温度不能超过一定的许用值[70]，因此，必须根据不同的温升情况、不同的齿轮箱、不同的试验目的选择适用的试验台。本研究主要研究齿轮啮合特性，测试齿轮各个部位的温度。试验平台需要较长时间运行，齿轮箱的润滑油温度会不断提高，能量消耗较大。为了节约能量，本研究采用机械功率流封闭齿轮试验台作为基本方案。

4.3.2 总体方案设计

测试平台的总体方案设计如图 4-5 所示。

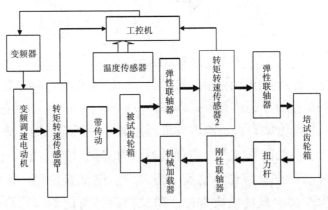

图 4-5 总体方案设计

测试平台由机械传动模块、电气模块、测试模块及控制模块 4 种模块组成。机械传动模块主要包括工控机、带传动、被试齿轮箱、变频调速电动机、陪试齿轮箱、扭力杆、弹性联轴器、机械加载器和刚性联轴器等部件；测试模块主要包括转矩转速传感器 1、温度传感器、工控机和转矩转速传感器 2 等部件；控制模块主要有变频调速电动机、变频器和工控机等部件。

4.3.2.1 机械传动模块

图 4-6 为机械传动模块的结构图。

封闭齿轮实验机具有两个完全相同的齿轮箱（悬挂齿轮箱 7 和定轴齿轮箱），每个齿轮箱内都有两个相同的齿轮相互啮合传动（齿轮 9 与 9'，齿轮 5 与 5'）。两个实验齿轮箱之间由两根轴（一根是用于储能的弹性扭力轴 6，另一根为万向节轴 10）相连，组成一个封闭的齿轮传动系统。当悬挂电动机 1 驱动该传动系统运转起来后，电动机传递给系统的功率被封闭在齿轮传动系统内，即两对齿轮相互自相传动。此时若在动态下脱开电动机，如果不存在各种摩擦力（这是不可能的），且不考虑搅油及其他能量损失，该齿轮传动系统将成为永动系统。由于存在摩擦力及其他能量损耗，在系统运转起来后，为使系统连续运转下去，电动机会继续提供系统能耗损失的能量，此时电动机输出的功率仅为系统传动功率的 20% 左右。对于运行时间较长的试验，封闭式实验机是有利于节能的。

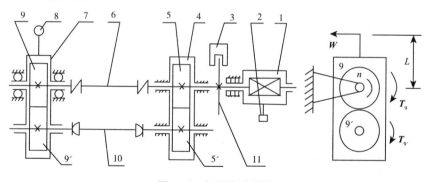

图 4-6　机械传动模块

1—悬挂电动机；2—转矩传感器；3—转速传感器；4—定轴齿轮箱；
5—定轴齿轮副；6—弹性扭力轴；7—悬挂齿轮箱；8—加载砝码；
9—悬挂齿轮副；10—万向节轴；11—转速脉冲发生器

4.3.2.2 机械加载模块

当实验台空载时，悬挂齿轮箱的杠杆通常处于水平位置，当加上载荷 W 后，对悬挂齿轮箱作用一外加力矩 WL，悬挂齿轮箱将产生一定角度的翻转，使两个齿轮箱内的两对齿轮的啮合齿面靠紧。这时在弹性扭力轴内存在一扭矩 T_9（方向与外加负载力矩 WL 相反），在万向节轴内，同样存在一扭矩 T_9'（方向同样与外加力矩 WL 相反）。若断开扭力轴和万向节轴，取悬挂齿轮箱为隔离体，可以看出两根轴内的扭矩之和（$T_9 + T_9'$）与外加负载力矩 WL 平衡（$T_9 + T_9' = WL$）。又因两轴内的两个扭矩（T_9 和 T_9'）为同一个封闭环形传动链内的扭矩，故这两个扭矩相等（$T_9 = T_9'$），即 $2T_9 = WL$，$T_9 = WL/2$（N·m）；由此可以算出该封闭系统内传递的功率为

$$P_9 = T_9 n/9\,550 = WLn/19\,100\,(\text{kW}) \tag{4-8}$$

其中，n 为电动机及封闭系统的转速（rpm）；W 为所加砝码的重力（N）；L 为加载杠杆（力臂）的长度。

摆动箱加载方式具有结构简单，载荷平稳，易在运转过程中进行加载、卸载的优点。其主要缺点如下：当传动齿轮的精度较低时，在运转过程中摆动箱会发生抖动，继而使被试件承受附加的脉动载荷，最终对试验的准确性产生严重影响。

4.4 测试及电气控制系统

4.4.1 测控系统体系结构

测试和控制系统（测控系统）是机械封闭功率试验台的关键组成部分。测试和控制系统（测控系统）直接决定测试数据的可靠性。控制模块、测试模块和电气模块是测控系统的三个重要组成部分，其系统结构如图 4-7 所示。

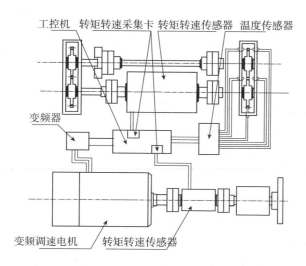

工控机　转矩转速采集卡　转矩转速传感器　温度传感器

变频器

变频调速电机　转矩转速传感器

图 4-7　机械封闭功率试验台测控系统

4.4.2 测试模块

封闭功率试验台的测试模块如图 4-8 所示。工控机、温度传感器和转矩转速传感器是其主要构件。

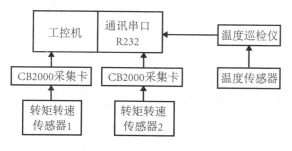

图 4-8　测试模块

转矩转速测试系统分为数字式、单片机型和微机型三种类型，数字式测试系统是早期的测试系统，其缺点是系统可靠性差、功能单一、操作复杂且体积庞大。单片机型测试系统采用单片机采集和处理数据，这是目前较普遍的测试系统形式，它能够正确地测试出机械所承受的转矩，具有结构简单、性能稳定、测量准确、使用方便及成本较低等特点，但这种仪器的分析能力很弱。微机型测试系统即软件式转矩测试系统，这种测试系统所测得的数据准确，分析能力较强，但实时性不强，不能满足瞬时转矩、转速测试的要求，而且界面并不直观，没有充分利用微机的资源，整体性能仍不高。综合考虑，本设计选择微机型测试系统。

4.4.2.1 转矩转速传感器选型

传感器有传递类、平衡力类和能量转换类三种类型，其中传递类传感器运用最为广泛，故而选择传递类传感器。传递类传感器又根据其弹性元件的物理参数分为变形型、应力型和应变型三种。上述三种传感器中，应变型传感器安装较为简单方便，且价格低廉、产品成熟，故而选用市面上运用较多的可实现转矩、转速及轴功率的多参数输出的带环形旋转变压器的 JN 型数字式转矩转速传感器。该传感器具有体积小、重量轻、安装方便及微机化测试接口简单等优点。

JN 型数字式转矩转速传感器的基本原理如下：通过两组磁电信号发生器、弹性轴，把被测转速、转矩转换成两组交流电信号。两组交流电信号的频率相同且与轴的转速成正比；两组交流电信号具有一定相位差，被测转矩与相位差的变化部分也成正比，如图 4-9 所示。

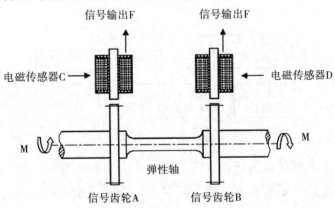

图 4-9　JN 型数字式转矩转速传感器工作原理

4.4.2.2 温度传感器选型

选择温度传感器比选择其他类型的传感器所需要考虑的内容更多。

首先，必须选择传感器的结构，使敏感元件在规定的测试时间之内达到所测流体或被测物体的温度。温度传感器的输出仅仅是敏感元件的温度，但实际上，要确保传感器指示的温度即为所测对象的温度，常常是很困难的。在大多数情况下，选用温度传感器时，需要考虑以下几个方面的问题：

（1）被测对象的温度是否需要记录、报警和自动控制，是否需要远距离测试和传送；

（2）测温范围的大小和精度要求；

（3）测温元件的大小是否适当；

（4）在被测对象温度随时间变化的场合，测温元件的滞后能否适应测温要求；

（5）被测对象的环境条件对测温元件是否有损害；

（6）价格如何，使用是否方便。

容器中的流体温度一般用热电偶或热电阻探头测试，但当整个系统的使用寿命比探头的预计使用寿命长，或者预计会相当频繁地拆卸探头以校准或维修，却不能在容器上开口时，可在容器壁上安装永久性的热电偶套管，用热电偶套管会显著地延长测试的时间常数。当温度变化很慢而且导热误差很小时，热电偶套管不会影响测试的精确度，但如果温度变化很迅速，敏感元件跟踪不上温度的迅速变化，而且导热误差又可能增加时，测试精确度就会受到影响，因此，要权衡考虑可维修性和测试精度两个因素。热电偶或热电阻探头的全部材料都应与可能和它们接触的流体适应。使用裸露元件探头时，必须考虑与所测流体接触的各部件材料（敏感元件、连接引线、支撑物及局部保护罩等）的适应性，使用热电偶套管时，只需要考虑套管的材料。

20 个铂电阻（PT100）温度传感器布置在测试齿轮箱内部，当测试范围预计在总量程之内时，可选用铂电阻传感器。较窄的量程通常要求传感器必须具有相当高的基本电阻，以便获得足够大的电阻变化。温度传感器所提供的足够大的电阻变化使这些敏感元件非常适用于窄的测试范围。铂电阻温度传感器具有测试范围大、测试准确性好、复现性和稳定性好等优点。铂电阻温度传感器具有耐油、耐酸，能适应齿轮油箱的测试环境，测试头的结构小巧，对箱壁对应点的温度变化的测试比较方便等优点。

4.4.2.3 温度传感器布置

弧齿圆柱齿轮的齿轮副啮合过程与直齿圆柱齿轮、斜齿圆柱齿轮的啮合存在一些差异。如图 4-10 所示，因为轮齿的齿线呈弧状，根据齿轮啮合方向不同，要么一对轮齿的端面先进入啮合状态，然后中间部分再啮合，要么一对轮齿的中间部分先进入啮合状态，然后端面部分再啮合。齿面上的各啮合点在啮合线上的投影是一段线段。

图 4-10 弧齿圆柱齿轮的齿轮副啮合状态图

图 4-11 描述了弧齿圆柱齿轮的齿轮副的一对轮齿的啮合过程，其中，a_1，b_1，c_1 描述的是端面齿廓的啮合状态；a_2，b_2，c_2 描述了与 a_1，b_1，c_1 状态对应时刻的齿轮中部的截面的啮合状态。

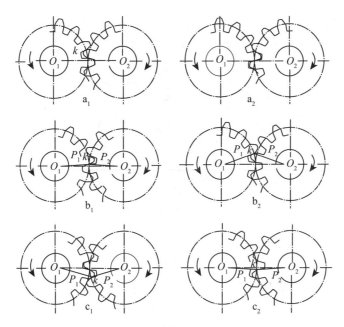

图 4-11　弧齿圆柱齿轮的齿轮副的齿面啮合

a_1、a_2 为脱离啮合的状态：当中间截面齿廓就要脱离啮合状态（a_1）时，端面齿廓还在啮合状态（a_2），此时轮齿不是全齿线接触。

b_1、b_2 为啮合中途的状态：当中间截面的齿廓已经进入啮合状态（b_1）时，端面齿廓也已经进入啮合（b_2），此时，齿面接触为全齿线接触。

c_1、c_2 为开始啮合的状态：当中间截面的齿廓开始啮合状态（c_1）时，啮合点为 k，齿轮两端的齿面没有进入啮合状态（c_2）。

由于齿轮的齿线为弧形，齿轮的旋转方向按照上面的方式啮合，那么齿面上的润滑油就会向齿轮两端挤压，因此在测试齿轮传动系统的温度时，温度传感器按照如下方案进行。

图 4-12 为测试系统温度传感器的布置图。首先，温度传感器的模拟信号通过温度巡检仪被转变为数字信号；然后，温度传感器的温度数值显示在温度巡检仪上，同时通过 R232 接口将温度数值输入计算机中，并通过软件绘制出 16 个采集口的温度变化曲线，实时显示温度数据；接着，可用文本格式、Excel 文件格式将采集到的温度数值输出并保存，

同时将曲线图以图片的格式输出并保存；最后，可将 Excel 文件格式文件输入 MATLAB 软件，进行数据分析、图表绘制及曲线拟合等。

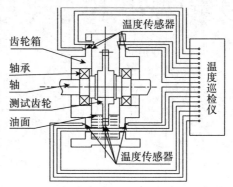

图 4-12　温度传感器布置图

图 4-13 为油箱液面上内、外壁的温度传感器的位置编号。

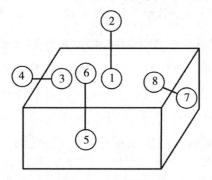

图 4-13　油箱内、外壁温度传感器的布置

其中，1、2 号内外正对，3、4 号内外正对，5、6 号内外正对，7、8 号内外正对。

图 4-14（a）为齿轮端面的温度传感器的布置；图 4-14（b）为齿轮中部截面的温度传感器的布置。

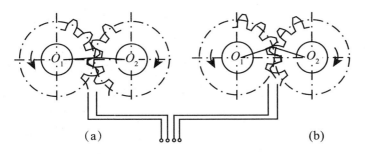

图 4-14　齿轮中部、断面温度传感器的布置

4.4.3 电气模块

封闭功率试验台的电气模块的原理图如图 4-15 所示。

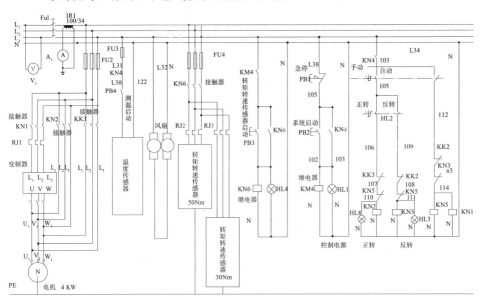

图 4-15　电气控制原理图

封闭功率试验台可以采用手动控制模式，也可以采用自动控制模式。按下控制柜上的自动按钮或者手动按钮，变频电机可以在自动模式或手动模式之间进行切换。当测试平台在手动模式下工作时，按下面板上的相应按钮可实现变频电机的正向反向转动的变换。当测试平台在自动模式状态下工作时，软件控制变频器，变频器再控制电动机的转向和转速。

封闭功率试验台操作面板如图 4-16 所示。自动模式下的操作步骤：第一，起动系统；第二，打开风扇；第三，通过工控机把电动机的转速调整到规定转速；第四，打开温度传感器、转矩转速传感器，对温度、转矩转速进行测试；第五，记录并保存所测试的数据。

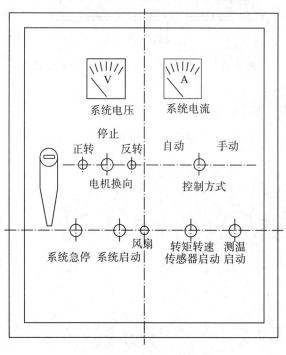

图 4-16　操作面板

4.4.4 控制模块

4.4.4.1 模块组成

控制模块主要由工控机、R232/R485 转换器、变频调速电机和变频器等部分组成，如图 4-17 所示。

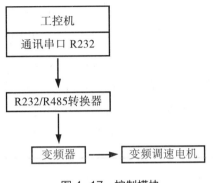

图 4-17　控制模块

通信模块采用配备选件 485 通讯板的 LG 的 SV-iS5/iH 系列变频器。该通讯板可以提供最多可连接 31 台变频器的标准 485 接口，还可以使用 R232/R485 转换器连接于工控机的 8232 串口，从而实现工控机与变频器的通讯。

4.4.4.2　通信设计

根据数据代码的传输顺序，数据通信可分为两种：并行传输和串行传输。串行传输指在一条信道上一个接一个地传输数据，其优点是成本低廉。并行传输指在两条以上并列信道上同时进行数据传输，其优点是传输速度快，其缺点是不能进行远距离传输。

根据数据传输是否同步，数据通信也可分为两种：同步传输和异步传输。同步传输指数据块与数据块之间的时间间隔是固定的，必须严格地规定它们的时间关系。每个数据块的头部和尾部都要附加一个特殊的字符或比特序列，标记一个数据块的开始和结束，一般还要附加一个校验序列，以便对数据块进行差错控制。同步传输要求采用同一时钟节拍，因此实现起来比较复杂。异步传输是将比特分成小组进行传送，小组可以是 1 个 8 位或更长的字符，发送方可以在任何时刻发送这些比特组，而接收方从不知道它们会在什么时候到达。异步传输在接收端和发送端均有独立的定时时钟，而且收发端不需要同步专用线路。温度测试平台采用异步传输方式。

根据信号传输的时间与方向，通信方式可以分为全双工、半双工和单工通信三种方式。在半双工通信方式中，一根数据线的一端要么作为发送端要么作为接收端，不能既作为接收端又作为发送端。结合实际情况，工控机和变频器之间的通信方式采用半双工通信方式。

在数字通信中，为了提高传输的正确性和有效性，利用编码方法对传输中产生的差错进行控制，该技术被称为差错控制。

该技术会在发送端被传输的信息码元序列中，以一定的编码规则附加一些检验码元，接收端利用该编码规则进行相应的译码，译码后有可能发现差错或纠正差错。在差错控制码中，检错码指能自动发现出现差错的编码，纠错码是指不仅能发现差错，还能够自动纠正差错的编码。当然，检错和纠错能力是以信息量的冗余和降低系统的效率为代价换取的。系统使用差错校验方式对传输数据进行差错控制。

为了提高数据通信的可靠性，采用的数据通信协议是一种数据传输协议。系统的变频器采用 LG 专用通讯方式——开放式 LG RS485 协议。

4.4.4.3 程序设计

利用 VC++ 6.0 编写工控机、变频器的控制软件。具体地说，串口的数据接收和发送通过 VC++ 6.0 中的 MSComm 控件完成。通信处理通过 MSComm 提供的事件驱动和查询的方法完成。捕获和处理事件发生时的通信事件通过事件驱动方式下 MSComm 的 OnComm 事件完成。

4.5 齿轮装置温升实验方案

4.5.1 实验目的

齿轮温升测试的具体方法如下。首先把作为测温装置的热电偶通过齿轮箱体上的孔插入被测试齿轮箱的油池中的各个部位。在齿轮固定扭矩、固定转速的情况下，间隔一段时间测试、记录一次齿轮装置的技术状态以及温度。然后对所记录的相关实验数据和技术数据进行分析、处理。最后绘制齿轮温升曲线。通过温升曲线，可以了解齿轮装置热平衡的区间，齿轮装置的各个部位的温度分布，从而初步对齿轮装置的啮合特性进行判断。[56]

本研究的研究目的如下。（1）在空载条件下，让 3 种润滑油分别在转速为 150 r/min、400 r/min、600 r/min 和 800 r/min 的条件下运转，描绘齿轮箱的各个部位达到温度平衡前的温升变化曲线。（2）在不同载荷条件下，让 3 种润滑油分别在 150 r/min、400 r/min、600 r/min 和 800 r/min 的条件下运转，了解齿轮各个部位的不同温度，了解齿轮箱温度场的分布。

4.5.2 实验步骤

为使实验结果具有普遍性，结合实验台的特点，并参照专业标准，确定如下试验方案。[59]

4.5.2.1 空载实验

在低速、空载条件下起动，缓慢渐增转速。在每个转速跑合到测试数据值并稳定后，再缓慢增至下一个转速，直到增至额定转速 1 500 r/min。正反转各 1 次，停机后检查，要求各连接件、紧固件不松动，各密封处不漏油，润滑充分，运动平稳。

4.5.2.2 加载实验

空载实验合格后，在不同的转速下逐级进行加载实验。在每级载荷下，实验达到油温平衡 1 h 后再增加一级转速，然后进行上述实验。所选取的 5 种实验转速为 1 500 r/min、1 250 r/min、1 000 r/min、750 r/min、500 r/min。所加载荷分别为 100 N·m、150 N·m、200 N·m、250 N·m、300 N·m。

4.6　本章小结

齿轮温度既包括本体温度又包括齿面温度。齿轮温度不仅对齿轮胶合有重要影响，对齿面软化的发生也有重要影响，进而对齿轮的疲劳强度有重要影响。但实际测试过程中，齿轮本体温度及齿面温度的测试都较为复杂，因此，常常用齿轮装置的温升测试替代齿轮温度的测试，齿轮装置的温升测试可以采取测试油液的温升，也可以测试齿轮装置壳体的温升。

齿轮传动功率损失主要包括轴承摩擦功率损失、齿轮搅油功率损失和齿轮啮合功率损失三种。

试验台总体方案设计包括试验台选型方案、总体方案具体设计两方面内容。首先对功率流开放齿轮试验台、机械功率流封闭齿轮试验台、电功率流封闭齿轮试验台和 FZG 标准齿轮试验机进行比较，分析各自的优缺点。然后结合温升试验过程消耗时间较长、机械功率封闭齿轮试验台能对齿轮的各种性能进行研究等实际情况，最终选择功率流封闭齿轮试验台作为基本试验平台。

根据机械功率流封闭试验台的原理，具体包括封闭功率计算、封闭系统内功率流的流动方向、封闭系统的损耗功率和热电偶原理等，进行渐开线弧齿圆柱齿轮的温度测试平台的总体方案设计。总体方案具体包括机械传动模块、测试模块、电气模块和控制模块等模块的设计。

测试及电气控制系统的体系结构主要由测试模块、电气模块和控制模块组成。测试模块主要由工控机、转矩转速传感器和温度传感器组成。封闭功率试验台电气模块可以实现自动控制和手动控制。控制模块主要由工控机、R232/R485 转换器、变频器和变频调速电机等组成。控制模块中的各个部件必须通过控制程序、信号通信才能正常工作。

本章最后确定齿轮装置温升实验方案，包括实验目的、实验条件、实验装置、实验齿轮、实验润滑油及实验步骤等具体内容。

第 5 章
结论与展望

5.1　结论

根据渐开线直齿圆柱齿面、渐开线斜齿圆柱齿面的生成原理，采用类似方法，发生面绕着基圆柱滚动，其上的一段弦线平行于轴线的圆弧所运动的轨迹即为渐开线弧齿圆柱齿轮的凸齿面。用不同的径向面截齿面，仍然能得到渐开齿廓线。在任意径向截面内啮合线都是内切于两齿轮基圆的直线，因此渐开线弧齿圆柱齿轮的啮合是平面啮合。采用齿形法线法求得的渐开线弧齿圆柱齿轮的共轭齿面仍然是渐开线弧齿圆柱齿面，但与原齿面的凹凸正好相反。用数学软件将渐开线弧齿圆柱齿轮齿面、啮合面和共轭齿面绘制在一张图中，结果证明齿面与共轭齿面能很好地啮合。根据啮合理论和齿面方程推导齿条齿面方程，齿条的齿廓为一直线。确定齿条齿顶类型，进而推导出齿轮的过渡曲面方程。

渐开线弧齿圆柱齿轮的齿面方程、共轭齿面方程，为进一步研究渐开线弧齿圆柱齿轮的啮合特性以及加工方法奠定了基础。对于径向截齿轮和与其啮合的齿轮，分析截面上的接触点之间的运动关系，求出两齿轮在任意截面的相对速度公式。齿面在切点处的相对速度则必然和公法线垂直，求出啮合条件方程，齿面方程与啮合条件方程的共同解即为接触线方程。然后采用积分的方法，求出接触线的长度。接触线形状为发生面上的圆弧线，当 $R_t \to +\infty$ 时，渐开线弧齿圆柱齿轮变为渐开线直齿圆柱齿轮，此时接触线长度等于齿宽 B，接触线最短。当 $R_t = B/2$ 时，渐开线弧齿圆柱齿轮的接触线最长，接触线长度为 $(B\pi)/2$。首先求出任意径向截面的端面重合度，在此基础上求出渐开线弧齿圆柱齿轮的轴向重合度，得到渐开线弧齿圆柱齿轮的重合度比普通渐开线圆柱齿轮高的结论。

诱导法曲率对齿轮传动的润滑条件、接触强度和接触区的大小都有重要影响，是评价一对共轭曲面啮合性能的重要指标之一。计算诱导法曲率时，第一，求出齿面的幺法矢，第二，求出第一基本变量与第二基本变量，第三，求出主曲率和主方向，第四，求出相对速度与相对角速度，第五，求出矢量 $\vec{P}$ 与矢量 $\vec{q}$，最后求出接触线垂直方向诱导法曲率。

啮合功率损失与齿轮的啮合特性有非常密切的关系，但实际测试过程中，齿轮本体温度及齿面温度的测试都较为复杂，因此，常常用齿轮装置的温升测试替代齿轮温度的测试，齿轮装置的温升测试可以测试油液的温升，也可以测试齿轮装置壳体的温升。根据齿轮啮合方向不同，齿面上的润滑油要么由中部向齿轮两端面挤压，要么由齿轮两端面向中部挤压。因此，在测试齿轮传动系统的温升时，应在齿轮端面位置和齿轮中部截面位置布置四个温度传感器，并且关于两节圆的公切面对称。

5.2 展望

按照齿轮传动的范成原理，建立圆弧齿轮传动的空间坐标系，利用空间啮合理论建立该传动的空间啮合分析模型，推导其空间啮合函数和啮合方程，建立圆弧曲线圆柱齿轮的齿面方程、接触线方程及诱导法曲率计算公式等，开展该传动的啮合运动学分析。在此基础上，其他工程分析中还应从以下几个方面深入研究。

5.2.1 圆弧齿线圆柱齿轮传动强度理论的研究

采用有限元方法分析圆弧齿线圆柱齿轮副的齿面接触应力、齿根弯曲应力、综合应力及疲劳应力，分析齿面的曲率变化对应力的影响规律。研究不同刀盘半径下形成的圆弧齿线圆柱齿轮副的齿面接触应力、齿根弯曲应力和润滑油膜的分布规律，找到不同模数下的最适宜的刀盘半径。在与直齿圆柱齿轮和斜齿圆柱齿轮及人字齿圆柱齿轮进行对比的基础上，初步建立圆弧齿线圆柱齿轮传动强度理论基础，建立相应的强度计算公式。

5.2.2 圆弧齿线圆柱齿轮传动润滑理论研究

在计算诱导法曲率、接触线长度和分析接触区域等的基础上，分析曲率变化对油楔方向的影响。建立圆弧齿线圆柱齿轮传动动压润滑的雷诺方程、膜厚方程、载荷方程和齿面抗胶合的计算方程等。分析润滑油膜的分布规律，针对不同运行速度下的齿轮，分析相对速度、综合诱导法曲率、楔形、滑动率和润滑油黏度等参数对润滑油膜性能的影响，找出润滑油膜和接触强度之间相互影响的关系。建立该齿轮弹流润滑计算模型，提供设计计算公式。

5.2.3 圆弧齿线圆柱齿轮数字化设计

利用 Romax、UG、CATIA 等软件对圆弧齿线圆柱齿轮进行精确的三维造型，进而开展动态仿真、运动分析和干涉分析。初步建立正确的参数匹配等边界条件，辅助该传动的设计和分析。

5.2.4 圆弧齿线圆柱齿轮传动副的制造方法研究

类似于准双曲面锥齿轮的加工方法，精确磨削这种齿轮，得到高精度的齿轮表面和硬齿面圆弧齿线圆柱齿轮。但是，如何选取工艺参数才能达到设计要求和提升承载能力需要进一步研究。可以采用多轴联动数控机床模拟圆弧齿线圆柱齿轮加工的展成运动制造该齿轮的样机。

5.2.5 检测参数项目和检测方法的确定

研究渐开线弧齿圆柱齿轮基于空间体系的检测原理及其基本测试方法，提出测试基准和主要测试参数，进而提出圆弧齿线圆柱齿轮测试公差组的分类和各公差组内的主要测试项目，以供工业应用参考。

5.2.6 弧齿圆柱齿轮传动副台架试验研究

弧齿圆柱齿轮是一种新型齿轮传动形式，因此需要在试验台架上进行承载能力、效率及温升等相应的实验，以实验数据支撑前面的理论研究。

第6章　主要创新点

（1）发生面绕基圆柱面滚动时会产生一段圆弧，该圆弧形成的齿面为圆弧齿面。本书首次采用这种方法提出了一种易于啮合的新型圆弧齿轮的数学模型。该圆弧齿轮是目前最接近理想渐开线齿轮的形式，基本具有渐开线齿轮的所有特性。

（2）根据推导出的齿条方程得知，齿条的齿线为椭圆。基于该齿条更容易得到等齿厚渐开线弧齿齿轮，为仿形铣加工方法提供理论基础。

（3）基于弧齿圆柱齿轮啮合特点，首次针对弧齿圆柱齿轮的温升特性进行理论研究，并提出了温度测试方案，该方案为后续研究弧齿圆柱齿轮温升特性测试平台提供了理论依据。

参考文献

[1] 吴序堂. 齿轮啮合原理 [M]. 北京：机械工业出版社，1982：1.

[2] 吴序堂. 齿轮啮合原理 [M]. 北京：机械工业出版社，1982，31–32.

[3] 会田俊夫. 圆柱齿轮的设计 [M]. 北京：中国农业机械出版社，1983.

[4] 胡文，胡润信. 拱弧齿圆柱齿轮 [J]. 萍乡高等专科学校学报，2001（4）：17–21.

[5] 马振群，王小椿. 一种高性能重载齿轮的研究 [J]. 西安交通大学学报，2002，36（3）：282–286.

[6] 井上和夫，植松整三. 关于圆弧齿线齿轮的挤齿法 [J]. 精密机械，1970，36（11）：725–730.

[7] 石桥彰. 关于圆弧齿轮的特性 [C]// 日本机械学会. 日本机械学会论文集（C编，31卷225号）. 东京：日本机械学会，1965：864–869.

[8] 王召垒. 弧齿圆柱齿轮副啮合机理及其传动强度分析 [D]. 扬州：扬州大学，2009.

[9] 吴伟伟. 渐开线弧齿圆柱齿轮加工方法及其加工装置的研究 [D]. 扬州：扬州大学，2010.

[10] 肖华军，侯力，董璐，等. 旋转刀盘母面成形的弧齿线圆柱齿轮数学建模 [J]. 四川大学学报（工程科学版），2013，45（3）：171–175.

[11] 蒋维旭，侯力，张建权，等. 基于 UG 的曲线齿圆柱齿轮的特征建模 [J]. 组合机床与自动化加工技术，2010（12）：47–49.

[12] 王少江，侯力，董璐，等.面向制造的弧齿圆柱齿轮建模及强度分析 [J]. 四川大学学报（工程科学版），2012，44（2）：210–215.

[13] 任文娟，侯力，姜平，等.面向制造的弧齿线圆柱齿轮的建模设计 [J]. 制造技术与机床，2012（6）：76–78.

[14] 姜平，侯力，任文娟，等.曲线齿轮的成型原理及啮合特性分析 [J]. 机械设计与制造，2012（7）：197–199.

[15] 唐锐，张敬东，张祺.新型齿轮传动副建模及接触分析 [J]. 机械传动，2013，37（2）：76–79.

[16] 胡文，胡润信.拱弧齿圆柱齿轮 [J]. 萍乡高等专科学校学报，2001（4）：17–21.

[17] TSENG，TSAY C B. Mathematical model and undercutting of cylindrical gears with curvilinear shaped teeth[J]. Mechanism and Machine Theory，2001，36（11–12）：1189–1202.

[18] TSENG R T，TSAY C B. Contact characteristics of cylindrical gears with curvilinear shaped teeth[J]. Mechanism and Machine Theory，2004，39（9）：905–919.

[19] MA ZHEN，GONG Y J，WANG X C. A new generating method for the machining of a cylindricalgear with symmetric arcuate tooth trace[J]. Academic Journal of Xi'an Jiaotong University，2004（16）：18 –21.

[20] 马振群，王小椿，沈兵.对称弧形齿线圆柱齿轮的真实齿面接触分析研究 [J]. 西安交通大学学报，2005，39（7）：722–725，761.

[21] 马振群，邓承毅.弧齿线圆柱齿轮全修形齿面的 CNC 修形加工方法 [J]. 机械工程学报，2012，48（5）：165–171.

[22] 毋荣亮，郭海胜.一种新型圆柱齿轮切齿法研究 [J]. 山西煤炭，1997，17（2）：27–30.

[23] 毋荣亮.圆弧齿线双圆弧齿轮的基本啮合原理 [J]. 太原工业大学学报，1997，28（3）：72–77.

[24] 毋荣亮.诱导法曲率对圆弧齿线双圆弧齿轮接触强度的影响 [J]. 太原理工大学学报，1998，29（2）：134–137.

[25] LIU SHUE T. Curvilinear cylindrical gears[J]. Gear Technology, 1988, 5（3）: 8–12.

[26] ANDREI L, Andreia G, EPUREANUA A, et al. Numerical simulation and generation of curved face width gears [J]. International Journal of Machine Tools and Manufacture, 2002, 42（1）: 1–6.

[27] 彭福华. 圆拉圆弧齿线圆柱齿轮的研究 [J]. 吉林工业大学学报, 1978（1）: 14–30.

[28] 彭福华. 新型齿轮的研究——圆弧齿线齿轮传动及其高生产率圆拉切齿 [J]. 齿轮, 1979（2）: 41–42.

[29] 彭福华. 移距修正圆弧齿线（CATT）齿轮齿面接触区控制及切齿刀盘调整计算 [J]. 吉林工业大学学报, 1982（2）: 84–89.

[30] 彭福华, 王秀. 圆弧齿线圆柱齿轮及其切齿法的试验研究 [J]. 工具技术, 1983（9）: 5–11.

[31] 顾心惛, 彭福华, 龚国纬, 等. 圆弧齿线齿轮在拖拉机上的应用 [J]. 拖拉机, 1983（3）: 35–38.

[32] 邹旻. 关于圆弧齿线圆柱齿轮变位的论证 [J]. 淮南矿业学院学报, 1990, 10（1）: 87–91, 44.

[33] 邹旻. 标准圆弧齿线圆柱齿轮不发生根切的最少齿数 [J]. 淮南矿业学院学报, 1990, 10（3）: 52–58.

[34] 邹旻, 祝海林. 新型圆弧齿线圆柱齿轮 [J]. 制造技术与机床, 1995（5）: 43–44, 47.

[35] 邹旻. 圆弧齿线圆柱齿轮的参数计算及选择 [J]. 机械设计与研究, 2000（2）: 36–38.

[36] 邹旻. 圆弧齿线圆柱齿轮的试验研究 [J]. 煤矿机械, 1995（6）: 11–13.

[37] 邹旻. 圆弧齿线圆柱齿轮根切问题的研究 [J]. 机械科学与技术, 2002, 21（3）: 355–357.

[38] 祝海林, 邹旻, 胡爱萍. 圆弧齿线圆柱齿轮啮合理论的研究 [J]. 机械, 1996, 23（5）: 7–10.

[39] TAMOTSU K. Method for cutting paired gears having arcuate tooth trace[P]. American: 3915060. 1975.

[40] WU Y C, TSAY, C B, ARIGA Y. Contact characteristics of circular-arc curvilinear tooth gear drives[J]. Journal of Mechanical Design, 2009, 131（8）: 0810031-0810038.

[41] FUENTES A, RUIZ-ORZAEZ, GONZALEZ-PEREZ I. Computerized design, simulation of meshing, and finite element analysis of two types of geometry of curvilinear cylindrical gears[J]. Computer Methods in Applied Mechanics and Engineering, 2014, 272（4）: 321-339.

[42] 狄玉涛. 弧齿线圆柱齿轮传动理论的研究 [D]. 哈尔滨: 哈尔滨工业大学, 2006.

[43] 寇世瑶, 刘明保, 武良臣. 弧齿圆柱齿轮加工的新方法 [J]. 现代制造工程, 2002（9）: 16-17.

[44] 赵学镛, 王立军. 在滚齿机上加工圆弧齿线圆柱齿轮可行性的研究 [J]. 太原机械学院学报, 1987, 17（1）: 91-98.

[45] 郑江, 苗鸿宾, 程志刚. Y38 滚齿机加工双向圆弧齿轮的可行性研究 [J]. 华北工学院学报, 1998, 19（2）: 174-176.

[46] 郑江, 李瑛. 在滚齿机上加工双向圆弧齿轮 [J]. 机械制造, 1998（9）: 22-23.

[47] 程志刚, 郑江, 苗鸿宾. 滚齿机加工双向圆弧齿轮的可行性研究 [J]. 机械管理开发, 2002（3）: 44-45.

[48] 郑江, 程志刚, 苗鸿宾. 圆弧齿线双圆弧齿轮的切齿试验研究 [J]. 机械管理开发, 2003（3）: 4-5.

[49] TSENG R T, TSAY C B. Mathematical model and surface deviation of cylindrical gears with curvilinear shaped teeth cut by hob cutter[J]. Journal of Mechanical Design, 2005, 127（5）: 982-987.

[50] TSENG R T, TSAY C B. Undercutting and contact characteristics of cylindrical gears with curvilinear shaped teeth generated by hobbing[J]. Journal of Machine Design, 2006, 128（3）: 634-643.

[51] 戴玉堂, 有贺幸则, 姜德生. 圆弧齿线圆柱齿轮的数控滚切机理与试验研究 [J]. 机械工程学报, 2006, 17（7）: 706-709.

[52] 宋爱平，吴伟伟，高尚，等．弧齿圆柱齿轮理想几何参数及其加工方法 [J]．上海交通大学学报，2010，44（12）：1735-1740.

[53] 王召垒．弧齿圆柱齿轮副啮合机理及其传动强度分析 [D]．扬州：扬州大学，2009.

[54] 蒋冰，颜运昌，杨华，等．封闭力流式齿轮实验台架及测控装置的研制 [J]．湖南大学学报（自然科学版），1999（12）：33-35，68.

[55] 许红平，应富强，宋玲玲．机械传动系统多功能试验台的设计研究 [J]．机电工程，2002，19（3）：8-10.

[56] 薛挺圻．新型半封闭功率流式齿轮试验台的研究 [J]．山东建材学院学报，1996，10（2）：34-39.

[57] 徐磊．齿轮传动综合试验测试系统研制 [D]．重庆：重庆大学，2011.

[58] 帅向群，张慧磊．多功能齿轮试验台数据采集系统研究 [J]．合肥学院学报（自然科学版），2007，17（3）：49-52.

[59] 韩永杰．齿轮润滑试验台研究 [D]．重庆：重庆大学，2011.

[60] 许文科．封闭功率齿轮传动试验研究 [D]．武汉：华中科技大学，2009.

[61] 傅则绍．微分几何与齿轮啮合原理 [M]．青岛：石油大学出版社，1999：66-67.

[62] 张毅，高创宽．渐开线直齿圆柱齿轮齿根过渡曲线的研究 [J]．机械管理开发，2006（3）：36-37.

[63] 董新华．渐开线直齿圆柱齿轮齿根过渡曲线优化及其应用 [D]．辽宁大连：大连理工大学，2013.

[64] 徐荣，郭清燕．齿廓间相对滑动速度探讨 [J]．煤，2000（5）：56-58.

[65] 王君明，叶人珍．渐开线齿条齿廓的参数方程研究 [J]．湖北水利水电职业技术学院学报，2009，5（1）：26-28.

[66] 孙恒，陈作模，葛文杰．机械原理 [M]．北京：高等教育出版社，2005：289.

[67] LITVIN F L. Gear geometry and applied Theory[M]. New Jersey：PTR Prentice Hall，1994：316.

[68] 仙波正壮．高强度齿轮设计 [M]．北京：机械工业出版社，1984，36-61.

[69] 高文捷．弧齿齿轮泵运行特性分析 [D]．扬州：扬州大学，2011.

[70] 吴序堂．齿轮啮合原理 [M]．北京：机械工业出版社，1982：270-272.

[71] 李海翔. 渐开弧面齿轮传动的基本理论及试验研究 [D]. 重庆：重庆大学，2011.

[72] COY J J，TOWNSEND D P，ZARETSKY E V. Gearing[R]. Washington：NASA，1985.

[73] 唐增宝，常建娥. 机械设计课程设计 [M].3 版. 武汉：华中科技大学出版社，2007：121–125.

[74] 钟毅芳，吴昌林，唐增宝. 机械设计 [M]. 武汉：华中科技大学出版社，2001：138–198.

[75] 申永胜. 机械原理教程 [M]. 北京：清华大学出版社，1999：135–195.

[76] HOEHN B R，MICHAELIS K，OTTO H P. Influence of immersion depth of dip lubricated gears on power loss，bulk temperature and scuffing load carrying capacity[J]. International Journal of Mechanics and Materials in Design，2008，4（2），145–156.

[77] CHANGENET C，VELEX P. A model for the prediction of churning losses in geared transmissions–preliminary results[J]. Journal of Mechanical Design，2007，129（2）：11–15.

[78] LUKE P，OLVER A V. A study of churning losses in dip–lubricated spur gears[J]. Proceedings of the Institution of Mechanical Engineers，Part G：Journal of Aerospace Engineering，1999，213（5）：337–346.

[79] 郑州机械研究所. ISO/TR 13593：1999，IDT，工业用闭式齿轮传动装置 [S]. 北京：中国标准出版社，2004.

[80] 许翔，毕小平. 车用传动装置润滑系统的流动与传热仿真 [J]. 机械传动，2006，30（5）：5–8，91.

[81] 王祖麟，张振利. 电封闭式变速器加载试验台的设计研究 [J]. 工程机械，2005（2）：24–26.

作者科研成果简介

A 作者发表的论文目录

[1] Mathematical model of the Conjugate Tooth Surface of the Involute Cylindrical Gears with Curvilinear Shaped Teeth（EI 源刊已录用）

[2] The Equation of the Contact Line of the Involute Curvilinear–Tooth Cylindrical Gear Pump for the Agricultural Tractor（EI 源刊已录用）

[3] Yiqiang Jiang，Li Hou.Meshing features of involute arc teeth cylindrical gears. Journal of Chemical and Pharmaceutical Research，2014，6（7），2387–2393，EI Accession number: 201439076129.

[4] 蒋易强，侯力.基于本体的生产过程建模研究.中国农机化学报，2013/04，34（4），100–103.

[5] 肖华军，侯力，董璐，蒋易强，魏永峭.旋转刀盘母面成形的弧齿线圆柱齿轮数学建模.四川大学学报（工程科学版），2013，45（3），171–175，EI: 20132516429523.

[6] 蒋易强，侯力.基于本体的生产调度知识表示.煤矿机械，2012，33（8），275–277.

[7] 蒋易强，侯力.基于本体的生产调度模型研究.深圳职业技术学院学报，2012，11（5），42–45.

[8] 蒋易强.基于本体的生产调度建模及 XML 描述.十堰职业技术学院学报，2012，25（4），96–98.

[9] 蒋易强.发动机无法启动的故障树分析及诊断方法.广西职业技术学院学报，2011，4（6），7–10.

[10] 蒋易强.机耕船驱动轮入土深度调节技术研究.十堰职业技术学院学报，2011，24（4），106-110.

B 作者主持或主研的科研项目目录

[1] 主持 2011 年四川省科技支撑计划项目：双滚筒驱动充气浮式田园管理机研制（2011NZ0076）.

[2] 主持 2012 年乐山市重大技术项目：水旱两用田园管理机行走机构研制（12GZD068）.

[3] 主持 2010 年乐山市重大技术项目：制造企业生产流程仿真关键技术研究及应用工程（10GZD042）.

[4] 第二主研 2014 年四川省应用基础研究项目：薄壁结构阻尼减振性能及结构设计研究（2014JY0061）.

[5] 第三主研 2013 年乐山市重大技术项目：风机叶片阻尼减振技术研究（13GZD045）.

[6] 第六主研 2014 年国家自然科学基金面上项目：新型圆弧齿线圆柱齿轮传动应用基础研究（51375320）.

C 作者申请授权专利的目录：

[1] 蒋易强，甘小兰.充气浮式多功能微型耕作机.中国：ZL201120012233.5，2011.

[2] 蒋易强.双滚筒双驱动田园管理机.中国：ZL2013202124781，2014.

[3] 蒋易强.田园管理机.中国：CN201420272750，2015.

D 作者荣获荣誉及奖励的目录

[1] 2012 年荣获"乐山市首届学术和技术带头人后备人选"称号.

[2] 《基于本体的生产调度知识表示》荣获 2013 年乐山市第十届优秀科技学术论文二等奖.

致　谢

　　本书是在侯力教授的悉心指导下完成的，在此首先感谢侯力教授，同时感谢那些在笔者写作期间给过笔者支持和帮助的领导、同事及朋友。

　　在笔者撰写专著的过程中，侯力教授给予了全程的指导。从选题、实验方案到最后定稿，侯力教授都认真仔细审阅，对各项内容提出宝贵意见，保证了专著的顺利完成。侯力教授具有渊博的学识、高深的造诣、严谨的治学态度、精益求精的科研作风、亲历亲为的工作精神以及高度的责任感，是值得笔者终身学习的榜样，对笔者将来的学习、工作和生活将产生深远的影响。除了在学业和工作中的严格要求和精心指导，侯力教授在生活上也也给予了笔者无微不至的关怀。

　　在笔者撰写专著的模拟仿真部分的内容时，孙志军、肖华军、张祺和游永霞等从始至终都在默默地支持着笔者，都给予了笔者大力的帮助。同时，感谢课题组的其他师兄弟，他们在学习、生活上给予了笔者帮助。

　　特别要感谢笔者的爱人，是她主动分担了家庭的重担，付出了辛勤的劳动，给笔者创造了学习的机会，争取了学习的时间。在她的理解和支持下，笔者顺利地完成学业，感谢她为笔者所付出的一切。

　　再次衷心感谢在学习和工作中给予笔者帮助、支持和关心的所有领导、同事和朋友！

蒋易强
二〇二一年十一月于宜宾